蔦谷 栄一

生産消費者が農をひらく

創森社

なぜ、生産消費者の時代か～序に代えて～

日本農業は戦後、一貫して大規模化・生産性向上による経営の近代化を志向しながらも、食料自給率の低下・低迷に象徴されるように、その成果は乏しく、現在、団塊の世代のリタイアを目前にして、日本農業を持続させていくこと自体が危ぶまれている。

これまで日本は経済を最優先して農業は軽視され、経済合理性に対応しがたい農業は切り捨てご免のごとく、大規模農業・企業的農業に偏重した農政を展開し、小農・家族農業を減少させてきた。一方、欧米、特にEU（欧州連合）では所得補償などの直接支払いによって、競争原理を働かせながらも農業は不可欠の存在として位置づけ維持してきた。これを可能にしてきたのは農業が必要であるとするEUとしての明確な意思であり、EU市民からの理解獲得努力を重ねることによって、直接支払いを可能にしてきた。

言い換えればEU市民が、経済合理性だけでは割り切れない農業の必要性・重要性を理解し、税負担することについて合意することによって、EUは農業を維持するとともに経済との両立をはかってきた。この過程ですすめられてきた一つが環境支払いと有機農業の推進であり、農福連携をはじめとする「農業の社会化」である。

＊

農業を軽視し、経済を最優先してきた日本は、GDP（国内総生産）が停滞を続け、中国に抜かれて第三位に順位を下げ、中国との差が大きくひらくばかりか、IMF（国連の国際通貨基金）の予測によれば2023年の名目GDPはドイツにも抜かれて第四位に転落の見込みとされる。

経済は優等生、農業は劣等生とされてきたものが、現在では農業ばかりか経済も劣等生にならんとしている。その大きな原因の一つはモデル、基準を欧米など海外に求めることが常道化し、日本の持つ強みを見失い、持っている人的資源、自然資源などをないがしろにしてきたところにあるのではないか。

日本農業は停滞を続けて久しいが、そうした中で見逃すことのできない変化の一つが「生産消費者」の増加である。市民農園・体験農園がいちだんと増え、グループで農地を管理するコミュニティガーデンも珍しくなくなり、また、生産者と消費者がコミュニティを形成して地域農業を支え合うCSA（Community Supported Agriculture）なども増えており、市民・消費者の農業への参画の動きが進展するなど、単なる消費者ではなく生産もする生産消費者の増加である。

この生産消費者の増加は、1980年に出版された『第三の波』でアメリカの未来学者、アルビン・トフラーが情報革命とともに到来を予言したもので、世界に広がりつつある。EUでも有機農業や農業の社会化とも影響し合いながら生産消費者は増加しつつあり、農業はもちろんのこと、社会を変革していく潜在力を膨らませつつあるように見受けられる。

＊

その生産消費者を広げていく特段の資源に恵まれているのが、実は日本である。

一つは都市農地の存在である。市街化区域内に農地が存在するのは世界でも日本だけであり、生産緑地だけでは全国農地面積の0・3％に過ぎないとはいえ、消費者が身近で農業に触れ参画することを可能にする貴重な資産を有し、その公共財化がカギを握る。

第二に、都市と農村の短い時間、距離と日本農業の持つ地域性・多様性が地域特産品を生み出し地域ごとの食文化を可能にし、生産者と消費者がつながり、交流を活発化させている。

そして第三に、1万年に及ぶ縄文時代を過ごしてきた〝歴史〟の存在である。新石器時代、大陸は農耕が発展し分業経済、支配・被支配、富の偏在をもたらしてきたが、日本ではあえて半農耕にとどめ狩猟・採集を主にし、分配を平等に行い共同体の維持を重視することによって、一神教の世界とは異なる自然神の信仰世界を共有する戦争のない社会を可能にしてきた。そこで培われた自然観・世界観を日本人はいまだ少なからず意識の底に残存させている。すなわち日本は生産消費者を増加させていく〝資源〟を豊富に有しているのであり、生産消費者が農業の社会化をリードしながら農業を再生させ、また農的社会を構築していくことによって社会変革をもすすめていく可能性を有しているといえる。

＊

日本農業を再生していく中で、日本の持つ人的資源、自然資源などに改めて目を向け、再評価し活かしながら、グローバルスタンダードとも折り合いをつけてすすめていくことが、日本農業の再生のみならず日本経済の再生にも資することになるのではないか。

生産消費者の時代を意識して手繰り寄せていくことによって「失われた30年」を乗り越えていく可能性がひらかれるだけでなく、持続可能で、争いのない平和な社会をつくりあげていく近道にもなろう。生産消費者をキーとする社会を実現していけるかどうかは市民・消費者の意思と行動に大きくかかっているが、生産消費者がキーとなって農に関わり農を支え、農的社会をひらき広めていくことこそが、人的資源、自然資源に恵まれている日本が果たすべき世界的、歴史的な役割であり責務であると思う。

２０２４年　仲冬

蔦谷　栄一

第4章 Agro-Society もう一つの地域循環

第7章 Agro-Society 協同労働、そして村づくり 171

第8章 Agro-Society 都市農業振興から地域自給圏づくりへ 193

• M E M O •

◆年号は西暦の使用を基本とし、必要に応じて和暦を併用しています

◆登場する方々の所属、肩書は当時のままのものが多く、所属、敬称は略している場合があります

◆カタカナ専門語、英字略語、難解語は、主に初出の前、または初出後の（　）内で語意などを解説しています

◆法律・施策、組織名は初出の際にフルネームで示し、以降は略称にしている場合があります

◆本文中の法律など文献の引用文、引用語句は、原則として原文のままとしています

東京都練馬区での全国都市農業フェスティバル
（農産物品評会の会場）

序　章

Agro-Society

生産消費者がリードする農業の社会化

産業としての農業と社会化する農業

市民農園や体験農園、さらには農福連携やコミュニティガーデン、援農など、消費者・市民が農業に参画することが増えているが、同時にその参画の度合いをも強めている。

これについてのデータ、統計はないが、けっこうな数字になることはまず間違いない。もはや「農業は農家がするもの」という常識が揺らぎつつあると言っても過言ではない。そして多くの消費者・市民が参画する都市農業は、都市と農村という区分までをも変えつつあるのかもしれない。

しかしながら農家、特に大規模農家が行う農業と、消費者・市民が行う農業とでは明らかに異なる。大規模農家が行う農業は産業、ビジネスとしての農業へと特化しつつあり、一方で消費者・市民が行う農業は基本的にはソロバンの対象外。楽しみや健康、そしてささやかな自給のために行われている。

ここでは農業と一口で言いながらも、二つの種類の農業へと分化しつつある。言い換えれば産業としての農業がある一方で、「社会化する農業」とも言うべき、経済とは別の何らかの目的で取り組む農業が増加しており、「農業の社会化」なる現象が広がりつつある。

そうした実情を踏まえると、もはや農業は「農」と「農業」とに分けて考えていくことが妥当であり、さらには農という概念をベースにして農業を位置づけ直していくことが必要になってきているように思う（第6章で詳述する）。

そして、こうした実態は農業・農村政策にも影響を及ぼしつつあり、農業の社会的位置づけをあいまいにしたままでは有効な立案はかなわない、という状況に移行しつつあることが浮き彫りにされてきていると考える。

ところで、こうした農業の社会化が進展する一方で、１９６１年の農業基本法以来、農業の産業化を目指してきた日本農業は、担い手の不足と農地面積の減少で崖っぷちにまで追い込まれている。歴史を振り返れば、自然循環に対応した農的な営みが連綿と続けられてきたものが、近代化により産業としての農業が農的部分を削ぎ落としながら分離・独り立ちして資本の論理で展開されるようになってきた。

農業が自然から乖離するのにともない、食を供給する産業としての農業は、産業化するほどに穀物などメジャーによって全面的にコントロールされかねない世界へと歩みをすすめているというのが実情である。そしてそこでの農業は、持続性が失われ環境負荷が増大するに及んで農業のあり方そのものが問われるに至っている。

担い手確保と持続的な農業への取り組み

ここで日本農業が直面する課題について整理しておけば、第一の課題は担い手の確保で、担い手が減少する中で経営規模の拡大だけでは農地面積を維持していくことはもはや限界にきており、絶対的に外部からの人材の移入なくしては担い手の確保は困難となっている。

第二の課題は農業の持続性確保であり、その土台となる自然循環機能を回復させていくためには、化学農薬・化学肥料の使用抑制が必須となっている。第三の課題として食料安全保障の確保、食料自給率の大幅な引き上げである。食料の3分の2、生産資材の多くを海外に依存してきたが、いつでも海外から輸入できる時代は終わった。その一方で、国内生産を増加させようとしても、これを減少一途の担い手による規模拡大や外国人労働者に期待するだけではいかんともしがたいところまできており、日本農業の生産基盤維持は困難の度を強めている。

第一の課題、第三の課題は、都市から農村への大幅な人口移動なくして基本的な解決は困難であることは明白である。また、第二の課題は森—里—川—海の循環形成をも含む、面的に農地の持続性を回復させる取り組みの拡大を求めるものであり、専業・大規模農家だけでの対応は困難で、現実は家族農業・小農が大きな役割を果たしている。

第三の課題である食料安全保障の確保ということ

では、大規模経営農家にその主たる役割が期待されることは当然とはいえ、現状のままでは後継者を確保・増加させていくことは不可能であり、先行きの食料自給率の低下は必至であると言っていい。こうした実情を踏まえると大規模経営層に頑張ってもらいながらも、家族農業・小農の維持が欠かせないとともに、農業に参画し、多少なりとも自給しようとする都市住民の人口移動も含めた動きを本格化させていくことが必須となる。

そしてこの都市住民の人口移動に大きな役割を果たすのが自然環境と地域コミュニティ、家族農業・小農の暮らしぶりであり、たくさんの家族農業・小農が主となって営まれる祭りなどのにぎわいや村の景観などの文化的要素が大きく影響する。

大規模専業農家に家族農業・小農、これに楽しみながら自給化していく移住者、さらにはささやかな自給度ながらも都市農業に参画する消費者・市民も加えて、多層的な生産構造を形成していくことが食料安全保障の堅確性・安定性を高めることになると同時に、手間と時間を要する持続的な農業への取り組みを拡大していくことにもつながる。

「社会的農業」「農業の社会化」現象

このように多様な担い手による多様な農業を展開していくことが求められることになるが、これを農業論・産業論として整理しようとすると経済性ばかりが重視されることによって、せっかくの農業を取り巻く多様な動きが軽視・無視されがちである。

こうした議論が何十年も繰り返され、結局は食料自給率は低下を辿り、農業・農村の衰退を招いてきた。冒頭で触れたように、今求められるのは、農業と同時に農という概念を明確にし、農の世界を重視し大事にしながら、これに対応した農業のあり方、ビジョンを明らかにしていくことである。

「社会的農業」「農業の社会化」の現象は、農業の近代化によって削ぎ落とされてきた世界を取り戻そう、本来の農の世界に立ち返ろうとする動きを示すものである。こうした流れを加速させ、太くしてい

消費者は援農（縁農）などに参加して汗を流す（CSA 農場のなないろ畑＝神奈川県大和市）

くことによって日本農業の将来ビジョンを確保していくことが必要であり、ギリギリのところに来ているもののまだ可能であるとともに、物・金中心のＧＤＰ（国内総生産）至上主義から脱却し、持続的で循環型の農的社会を実現していくための近道だというのが筆者の見方だ。

「生産消費者」の時代に

こうした流れを端的に表す言葉が「生産消費者」である。この「生産消費者」なる言葉はアルビン・トフラーが『第三の波』で使ったものであるが、トフラーは情報化社会の到来とあわせて「生産消費者」の時代が来ることを予言した。

情報化社会の到来についてはトフラーの想定以上に進展していると言って差し支えなかろうが、ＤＩＹ（日曜大工で家具や家をつくる）や体験農園などに見られるように分離した生産と消費、生産者と消費者が、次第にこれを一体化する方向で価値観の転換、行動の転換がすすみつつあり、これまでの効率性・利益重視に偏重した世界は「生産消費者」の時代へと移りつつあるようにも感じている。

むしろそうした時代への転換を想定しながら、今残っている資源・資産をできるだけ減価させずに未来世代に引き継いでいくという視点をもって、日本農業のあり方を見直してみる、これが本書のねらいである。

このための条件整備として特に必要と考えている一つが、農業・農村を経済学者宇沢弘文のいう社会的共通資本として位置づけし直していくことであり、これをテコに直接支払いを拡充していくことによって農業を資本主義の横暴から守り、岩盤を提供して農業経営を支えていくことが必要である。大規模経営だけでなく家族農業・小農も含めて、農業経営が成り立つ条件を整備していくことが不可欠である。

二つ目が生産消費者を増やし一般化していくことで、これは、共用資源であるコモン（ズ）の新たな形成と表裏一体の問題であり、広く国民的な運動として展開していくことが不可避となる。

協同労働と地域社会づくり

もちろん、その主体となるのは消費者・市民の内発的な動きであり、これがベースにあってということであるが、その展開の大きなカギを握っていると考えるのが協同組合であり、中でも第6章で述べるFEC（Fは食料、Eはエネルギー、Cは医療・介護・福祉）自給圏づくりを宣言するとともに、協同労働による労働と地域社会づくりを一体として捉えて運動展開をしている労働者協同組合である。

戦前・戦後と農業・農政をリードしてきたJA（農業協同組合）グループ、さらには消費者運動を展開してきた生協グループが、この労働者協同組合と連携し、一体的な運動を創りあげていくことが欠かせない。言い換えれば出資・労働・経営を一体化させた、3人以上から設立可能な、働きがいを重視し持続的な地域の発展を目的とする小さな協同組合と既存の協同組織とが現場レベルでの連携を推し進めることによって、大きくなり過ぎた協同組合を活性化し、協同組合運動を再生・強化していくことが必要

白石農園（東京都練馬区）の体験農園を視察する労働者協同組合のメンバー

条件となる。

自然資源、人的資源を生かした農的社会

いずれも言うべくして容易ではない大課題ばかりではあるが、一方でわが国が持つ資源・資産にはいまだ大きなものがあることも確かである。

アジアモンスーン地帯の東端に南北に長く太平洋に浮かんでおり、脊梁山脈によって太平洋側と日本海側に分かれ、山がちなうえにたくさんの盆地が形成されるなど世界に類を見ないほどに地域性に富む。そして縄文時代、いや旧石器時代以来積み重ねられてきた独自の歴史や文化、自然観や知恵は失ったものも多いが、共同体意識も含めてまだ残っているものも少なくはない。

この自然資源、人的資源を生かした、大陸とは一線を画した農業のあり方が模索されてしかるべきであり、そうしてこそ将来展望を獲得することも可能になるのではなかろうか。そして、こうした取り組みは深く社会や国家のあり方と関わるものであり、これまでの「田園都市国家」構想や「デジタル田園都市国家」構想と似てはいるところはあっても、これらとは本質を異にし、「農的社会」を目指すものである。

これが全体を通して言いたいことのエッセンスとなるが、改めて各章のねらい等を簡記しておけば次のとおりとなる。

基本法の見直しとみどりの食料システム戦略

第1章から第4章までは現行基本法(食料・農業・農村基本法)の見直しを中心に、2021年(令和3年)5月に決定したみどりの食料システム戦略を含めたいわゆる農政上の主たる課題に関する議論を念頭に置いている。

第1章は、穀物や生産資材の高騰により、にわかに重要課題としてクローズアップされることになった食料安全保障を中心に論じている。農林水産省の農政審議会の中に設置された検証部会では、情勢分析やEU(欧州連合)などの政策についての議論が中心で、基本法のあり方自体についての議論は欠落している。現行基本法は、食料安全保障も含めてそれなりの整理がなされながらも、不十分な政策展開にとどまってきた。

問題は基本法の中身というよりは理念法としての基本法のあり方にあり、理念法のままでいいのかを問い直すところから議論していくことが必要であった。また、平常時からの食料不安に対処するためとして水田の汎用化・畑作化が安易に語られているが、そうした動きに警鐘を鳴らすとともに、不測の事態への対応をベースに平常時の不安への対応を考えていくことの必要性を訴えている。

第2章は、深刻な日本農業の実態を確認したうえで、日本農業のあり方について論じている。食の多様性に合わせて水田の畑作化を大々的に促進していくことは、一見合理的ではあるが、風土産業としての農業という視点からは必ずしもなじむものではなく、一方で不測の事態も含めてあるべき食生活を尊重していくことが必要である。国土安全保障上も、一定の水田農業面積を維持していくべきであり、豊

サツマイモの畝間にくず小麦をリビングマルチ栽培（被覆植物で雑草の生育を抑制）。
金子美登さんの霜里農場（埼玉県小川町）にて

かな地域性を活かし、また放牧を大幅に取り入れ耕作放棄地などを自然資源として活用していくことが、日本農業の強みを引き出していくことにもなることを強調している。

第3章は、みどりの食料システム戦略にともなう対応について展開しているが、１９９２年に環境保全型農業が明示されて以降、失われた30年、有機農業を含めた環境保全型農業は遅々としてすすまなかった。

世界的には有機農業にとどまらず多様な農法が進展しており、特に環境再生型農業（リジェネラティブ農業）が注目を集めている。みどり戦略は内容的には問題もあるが、基本的には目標を実現していくことが必要であり、このためには有機農業とともに、減化学農薬・減化学肥料による全体の環境負荷を低減させていくことが必須で、特にＪＡグループの取り組みがカギを握っており、ＪＡグループの取り組み推進を強く期待している。

第4章は、第3章で環境問題に農業・農法という視点からアプローチしているが、循環という視点から廃棄物の利活用について取り上げている。畜糞、生ごみ、さらには雑草も含めて、具体的な取り組みを紹介しているが、畜産物から発生する大量の廃棄物を「副産物」とし、廃棄物をゼロとする、都市型地域循環型社会の構築に取り組んでいる愛知化製事業協業組合の活動を取り上げている。

ＳＤＧｓ（持続可能な開発目標）の浸透はあるものの、見えていない、見ようとしない肝心な世界がまだまだあることを痛感しているが、こうした世界を市民も理解し自分事として関係していくことが大切であるとともに、政策や行政も支援していくことが不可欠だ。

「農業の社会化」の流れと消費者・市民の農業参画

第５章以下第８章までは、基本法見直しの議論ではほとんど触れられていないものの、日本農業を再生していくために欠かせない主要な論点を取り上げて私見を展開している。

第５章では自然と農業の関係を取り上げており、日本農業は当然のことながら深く日本人の自然観や生き方と関係している。旧石器時代から新石器時代への移行は農耕が行われているかどうかが大きな判断要因とされているが、縄文時代は農耕が可能であるにもかかわらず、あえて半農耕を続けてきた。そこに日本独特の自然観が確立し、今も少なからず残存しており、この自然観と日本の風土を大事にしていくことが日本農業を再生していくにあたっての大事なカギであるとともに、子どもたちは豊かな自然環境の中で育てていくことが重要であることを訴えている。

「農的部分」「農的世界」の進展

第６章では、１９９０年代からの大きな変化として市民農園・体験農園の動きに代表されるように消費者も農業生産に参画する流れが広がり、アルビン・トフラーが言うところの「生産消費者の時代」が始まっている。産業としての農業へと非経済的部分を削ぎ落としてきた農業が、その削ぎ落としてきた「農的部分」「農的世界」を取り戻しつつある。すなわち底流にあるのは「農業の社会化」という流れであり、イタリアでは社会的農業法を成立させている。情勢は「農業は『農家の専有物』ではない」方向にすすんでおり、農家しか所有することができないとする農地法のあり方を見直し、農地の公共財化を求めている。

この日は、みんなで脱穀作業
（鹿児島県霧島市・竹子農塾）

第7章では、第6章で消費者・市民による内発的な農業へ参画する活動によって農業の社会化の流れが大きくなりつつあることを取り上げているが、これを大きな流れにし、政策の転換を求めて社会運動化していくことが必要であり、このためには協同組合組織との連携が欠かせない。特に、2022年10月に法施行され、3人以上から、届出だけで設立可能で、出資・意思反映・労働を一体化させ、協同労働による労働と地域社会づくりを一体的に展開している労働者協同組合の動向には注目したい。

また、JAはだの（神奈川県秦野市）のように協同組合理念が息づき、地域農業の振興と元気な地域づくりに取り組んでいる農協も少なくなく、今後の労働者協同組合と農協など既存の協同組合とが連携し、連携を強めていくことを期待したい。そして「自然と人とつながり子どもの心が自由になれる村づくり」を目指して活動している長野県伊那市にある特定NPO法人フリーキッズ・ヴィレッジを取り上げ、その多様な活動を紹介している。社会づくりの大事な核となるのが次世代づくりであり、自然や村の暮らしに子どもたちが触れることができる環境整備、仕組みづくりの重要性を訴えている。

第8章は、都市農業振興や担い手の確保に注力してきた横浜市や日野市、JAはだのの取り組みを紹介している。都市農業・都市農地があってこそ消費者・市民の農業参画を可能にしているが、残された都市農地は1968年の都市計画法の意図に反して残されたもので、市街化区域に農地と生産農家が存在しているのは日本だけである。

都市農地はかけがえのない存在であり、半永久的に維持していく制度の創設が求められる。あわせて労働者協同組合が中心になって、消費者・市民の内発的な農業参画への取り組みを誘導していくことをねらいとする「農あるまちづくり講座」の開設や、農村部も含めて展開しているFEC自給圏づくりとしての小農・森林プロジェクトの活動などをも取り上げている。

持続可能な日本型農業を目指して

最終の結章として、これまで述べてきたことの総括として、改めて近い将来に農水省の農政審議会で、基本法の抜本的な見直しについて議論が再開されることを期待して、「国民皆農・生産消費者による持続可能な日本型農業を目指して」をテーマとする提言という形で、全体像を提示している。

なお、「国民皆農」という言葉は世代によっては「国民皆兵」を想起させるとして反対する声もある。しかしながら「国民皆農」は既にけっこう定着を見ているとともに、戦争と同等に農業にいかに向き合うかはまさに国民的な最重要課題であり、本書ではあえて「国民皆農」を使用している。

全体の構成は以上のとおりであるが、各項は独立した記述となっていることもあり、関心・興味のあるところからお読みいただいて差し支えない。本書に共感し行動する「生産消費者」が増え、未来世代に「農的社会」をバトンタッチしていけることを切に念願している。

第1章

Agro-
Society

日本の食は大丈夫か

直撃する食料品の値上がり

「消費者物価指数　41年ぶり高水準　厳しい家計物価上昇どこまで」。これは２０２３年1月20日に発信されたＮＨＫによるネット情報の見出しである。天候による変動が大きい生鮮食品を除いて算出される消費者物価指数では、22年12月の前年同月比で４・０％の上昇となり、これは第２次オイルショックの影響が大きかった１９８１年12月以来の41年ぶりの数字だという。

個別に見ると、ガス代や電気料金などの公共料金を筆頭に食料品の値上がりが顕著で、賃金は上昇傾向にあるとはいえ、物価の上昇には全く及ばず、家計を大きく圧迫している。このため貧困層の増加を招いており、ＮＰＯ法人などがおにぎりなどを配るところに集まる人は増えて長い行列ができている、との報道もなされている。

消費者物価指数の内訳を見ると、「ガス代」の上昇率23・３％、「電気代」は21・３％と、光熱費の増加はすさまじく、「生鮮食品を除く食料」の上昇率も７・４％と、食料品の値上げ幅も大きい。

食料品について具体的に見ると、上昇の幅が大きい順に、「食用油」33・６％、「ポテトチップス」18・０％、外食の「ハンバーガー」17・９％、「炭酸飲料」15・９％、「あんぱん」14・１％、「牛乳」９・９％、国産の「豚肉」９・４％、「卵」７・８％の上昇となっている。

衝撃の酪農危機

このように物価上昇は家計・消費に深刻な影響を与えているが、農業関係でも飼料や肥料などの生産資材の値上げは顕著で、農業経営、生産農家にも大きな打撃を与えている。

普通作（米＋麦・大豆）、果樹、酪農、肉用牛と営農類型によって物価上昇が経営に及ぼす影響度合いは異なるが、いずれも経営は悪化して大きな影響を受けている。中でも畜産、特に酪農の打撃は大きく酪農危機が叫ばれている。

酪農関係の全国機関と指定生乳生産者団体によって構成される酪農指導団体である中央酪農会議が23年3月に公表した実態調査の結果によれば、①日本の酪農家が経営する牧場の84・7%は過去1か月の経営状況が「赤字」、②赤字経営の酪農家の4割以上は1か月の赤字額が「100万円以上」(43・6%)、③酪農家の86・0%が借入金を抱え、そのうち、6軒に1軒は「1億円以上」(17・0%)と、まさに日本の酪農は存続の危機にあるとしている。

酪農経営に打撃をもたらしている大きな要因として二つ、すなわち「飼料価格の上昇」を酪農家の97・5%が、「子牛販売価格の下落」を91・7%があげており、飼料代などのコストが大幅に上昇する一方で、オス子牛の肥育農家の需要も停滞して子牛販売価格は暴落しており、赤字が膨らんでいるとしている。

さらに見逃すわけにいかないのが、「酪農家の約6割(58・0%)が『離農』を検討しながらも継続している理由としてあげられているのが、『生活維持』(85・4%)や『借入金返済』(64・3%)とともに、酪農家の半数が『日本の食の基盤維持』(50・3%)のために酪農を続けている」との回答結果である。

もはや酪農家の約6割が離農を検討せざるをえない状況にまで追い込まれており、経営が悪化しながらも他に生業はなく、生活維持と借金返済のために止めるに止められない状況にあり、そうした中で唯一の支えとなっているのは、自分たちは日本の食の基盤を維持しているという誇りであり使命感であり、国・国民はこうした事態を放置して済まされるのかという悲痛な訴えでもある。酪農家の自己努力だけに任せることは許されるはずもない。

日本農業再生の分岐点

今般のエネルギー、食料品、生産資材などの価格上昇・高騰は、ロシアによるウクライナ侵攻、コロナ禍などの想定外の要因が大きく作用していること

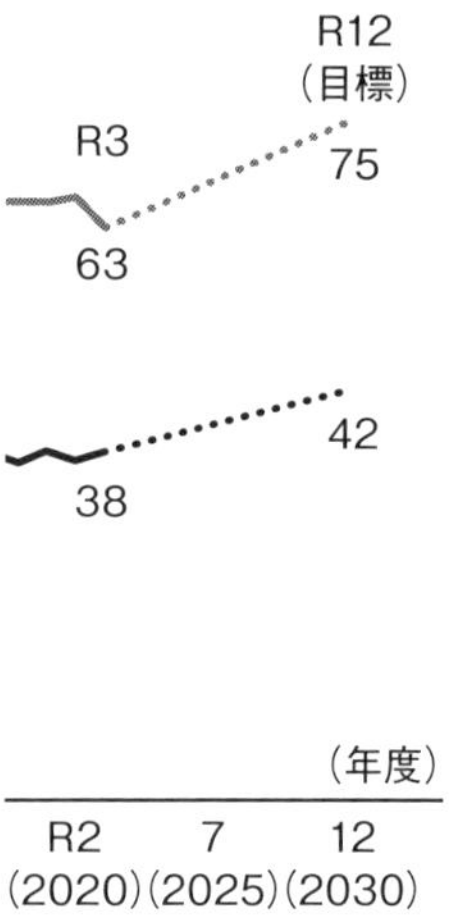

は確かである。

しかしながら問題は、農産物貿易自由化をすすめる中で、食料自給率を低下させ、穀物価格等上昇の影響を大きく受けざるをえない構造の日本農業をつくりあげてきたところにある。

低食料自給率を引きずりながらも、言葉だけの危機感を表明するだけで、その危うい構造を結果的には放置してきたという実態を、今般の諸物価高騰が明るみにさらけ出したというのが実情である。

食料自給率向上を掲げながらも、農産物の多くを、そして飼料や肥料原料なども海外に大きく依存する構造をそのままにしてきた政府・国会、そうした構造に無関心で容認してきた国民・消費者。尻に火がついたところで食料安全保障云々と騒ぎ出したものの、農地の減少に担い手の不足が重なり、既に日本農業は青息吐息で崩壊の危機寸前にある。

日本農業の再生をいくら叫んでも、もはや農業基盤のかなりは失われつつあり、これまでの政策の延長では再生は到底かなわない。そういう意味ではわれわれは日本農業を残していけるかどうかの瀬戸際に今、立たされているのであり、日本農業は生き残りのラストチャンスにあるのかもしれない。

このテーマについて農と農業、生産消費者をキーワードに本書全体で考えていくものであるが、本章では食料安全保障を揺るがしている情勢変化について確認したうえで、食料安全保障を獲得していくための必要となる要件について考えてみたい。

輸入依存構造が増幅させた食料不安

はじめに1999年以降の農業とこれを取り巻く環境変化を確認しておきたい。

図 1-1　日本の食料自給率の推移

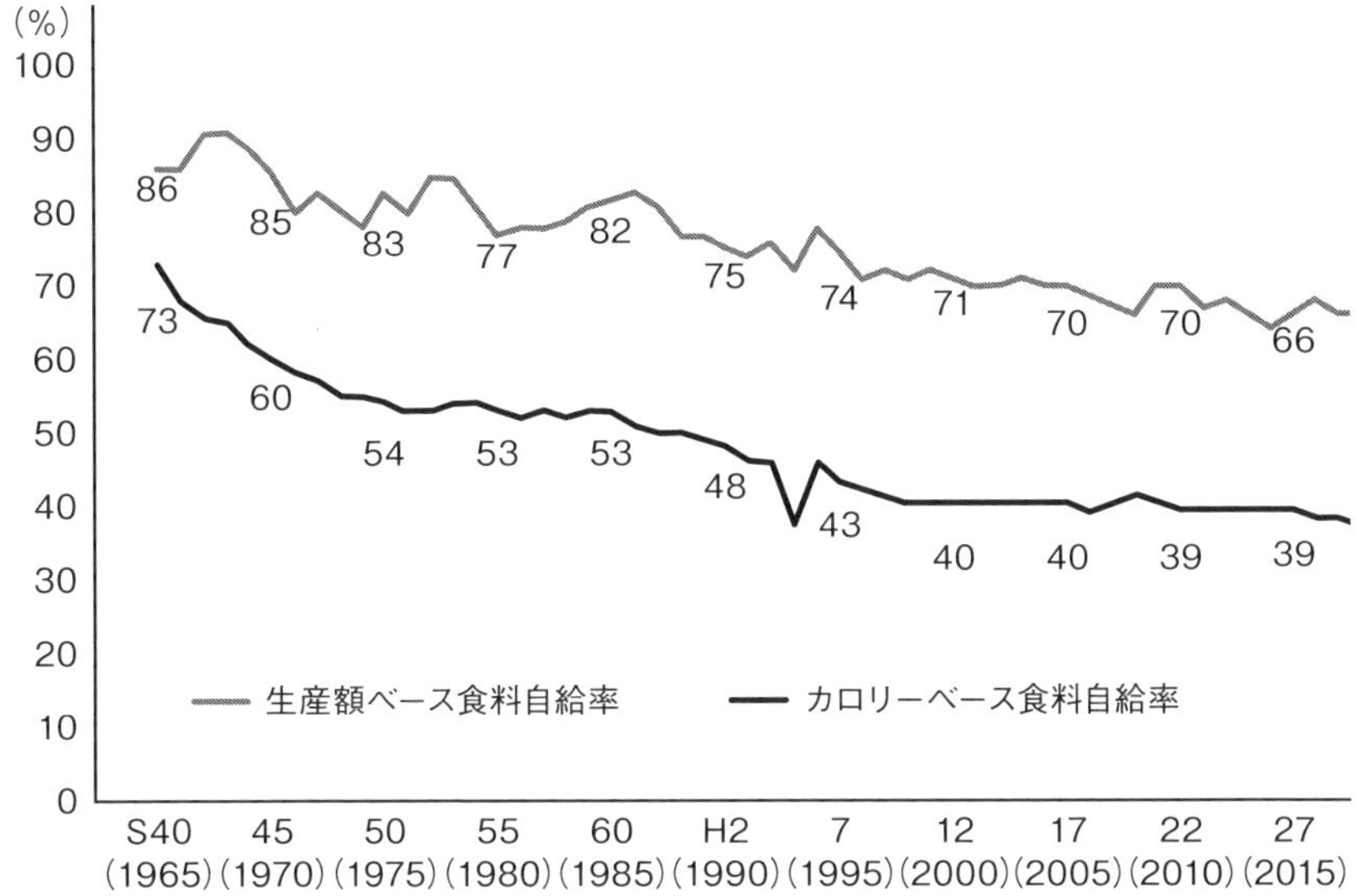

資料：農林水産省

食料自給率は低下傾向、横這い

まず、わが国の食料自給率の推移であるが、**図１－１**のとおりカロリーベースでは低下傾向を続け、２０００年からは横這いにある。食料自給率の向上が叫ばれてきたものの、向上は全くかなわずにいるが、今の政策が続くかぎりは、これで下げ止まったと見ることができるかすら疑問で、むしろ食料自給率が再び低下を始めることが懸念される。

一方でカロリーベースではなく生産額ベースが高ければ問題ないとの暴論が農政論議の中で幅を利かせたこともあったが、その生産額ベースでの食料自給率は依然として低下を続けている。

そこで諸外国の食料自給率（カロリーベース）の動向について次頁の**図１－２**で見てみると、日本は最も低い水準にある。アメリカやフランスの農産物輸出国を除いても、ドイツ95％、イギリス68％をはじめおおむね60～90％以上の幅の中にある。

あわせて注目しておきたいのが韓国で、日本と同じ水準にあるとともに、食料自給率の低下するスピードは日本以上に大きい。

　ちなみに台湾の食料自給率は31・3％（２０２１年）と日本や韓国よりもさらに低位にある。その大きな原因は米食の減少にあるが、日本、韓国、台湾いずれも国民一人当たりの米消費量は毎年減少を続けている。

　国民一人当たりの米消費量を見ると、日本50・8kg（２０２０年）、韓国56・7kg（２０２１年）、台湾43kg（２０２１年）となっており、いずれもピーク時の半分以下にまで減少している。日本の場合、

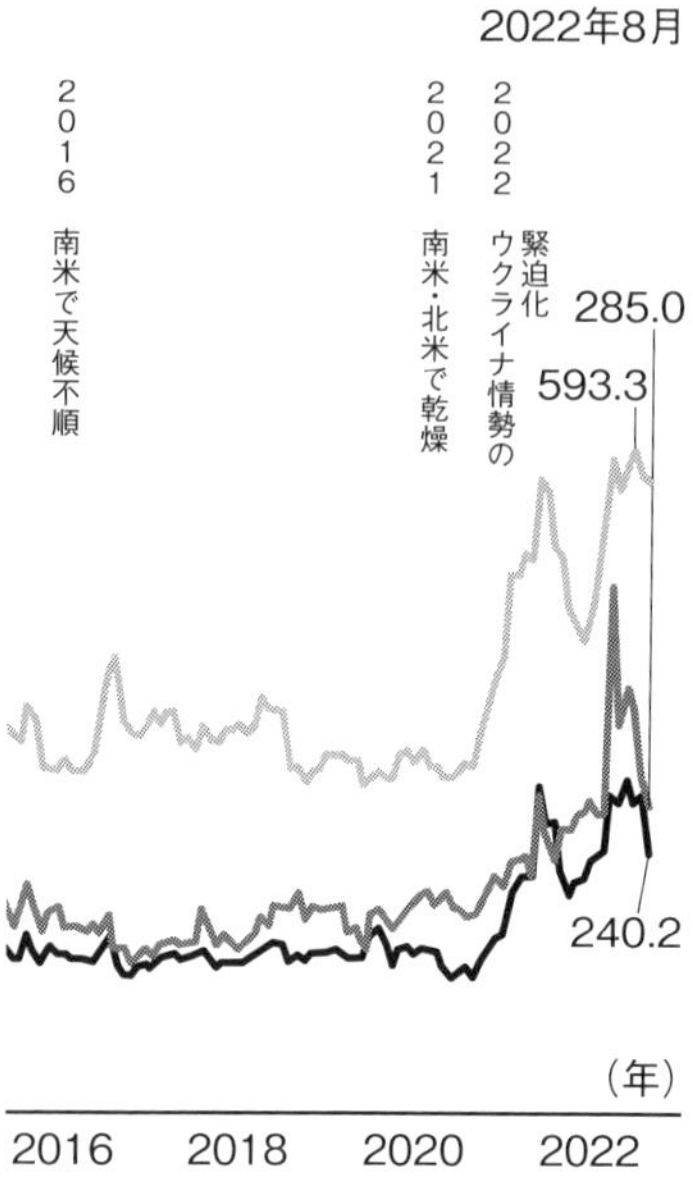

図 1-2　諸外国の食料自給率（カロリーベース）の推移（試算）

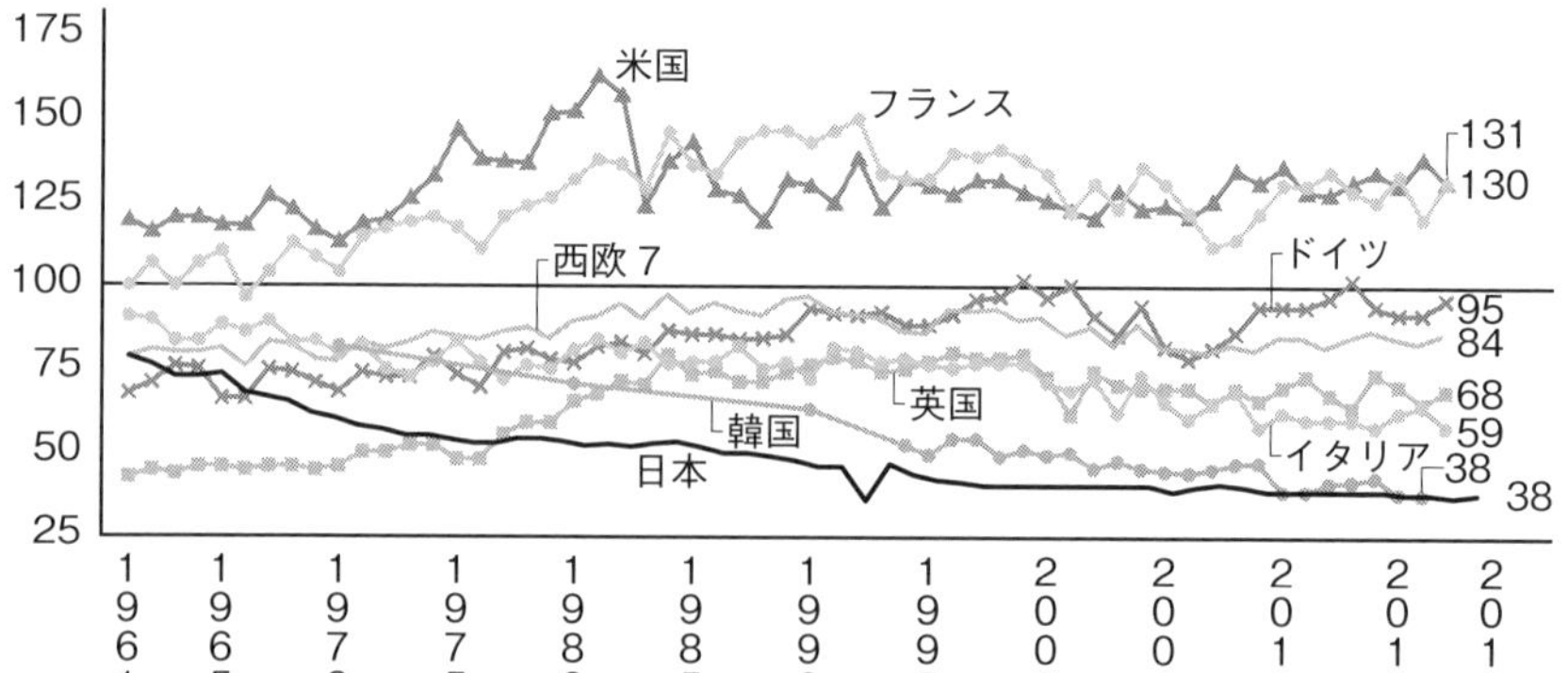

注：農林水産省「食料需給表」、FAO “Food Balance Sheets” 等を基に農林水産省で試算。韓国については韓国農村経済研究院「食品需給表」、スイスについてはスイス農業庁「農業年次報告書」による。供給熱量総合食料自給率は、総供給熱量に占める国産供給熱量の割合である。なお、畜産物については、飼料自給率を考慮している。また、アルコール類は含まない。ドイツについては、統合前の東西ドイツを合わせた形で遡及している。西欧 7 はフランス、ドイツ、イタリア、オランダ、スペイン、スウェーデン、英国の単純平均
資料：農林水産省「食料需給表」

図1-3　穀物などの国際価格の動向（ドル/トン）

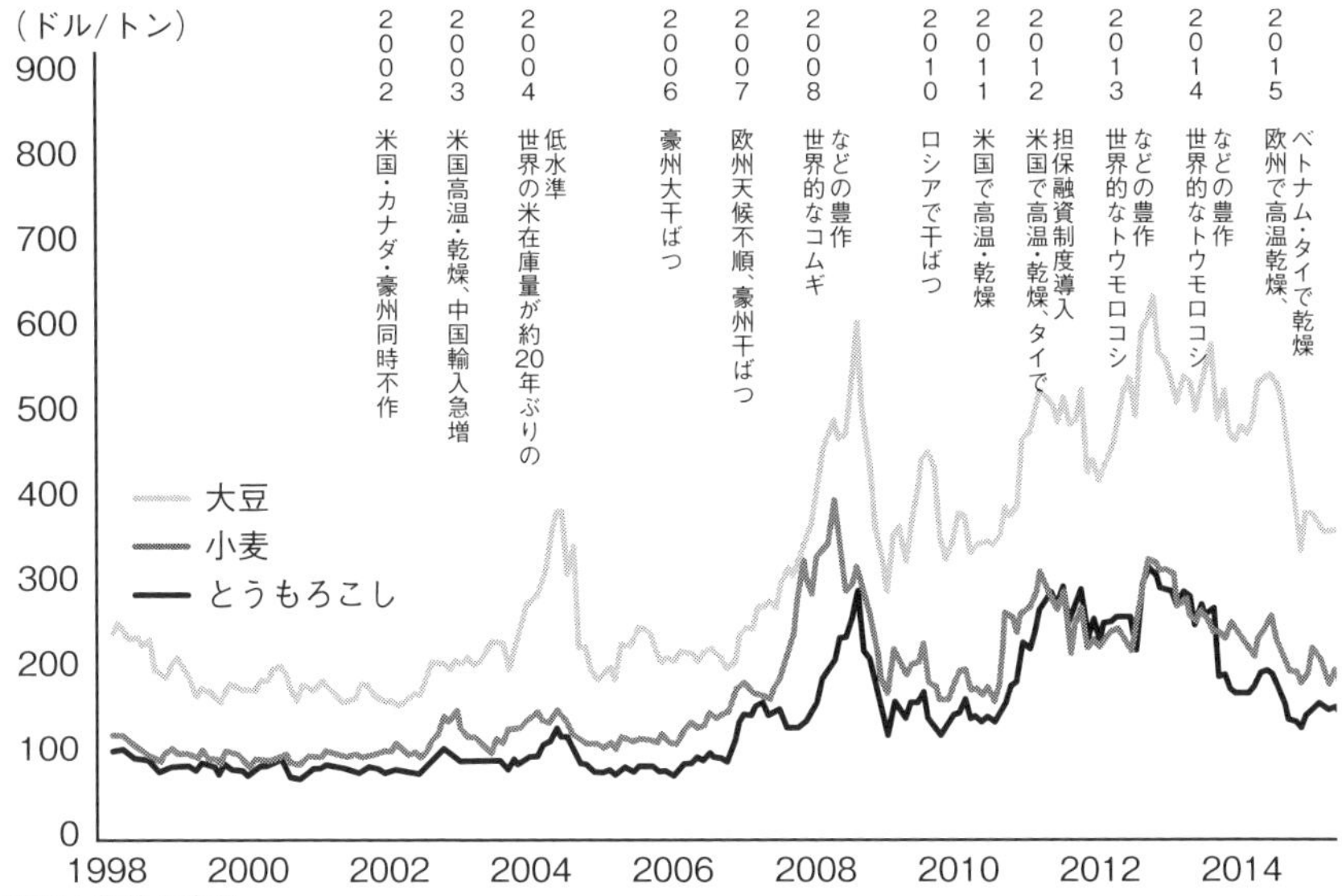

資料：農林水産省

ピークの1962年には118・3kgであり、現在はピーク時の42・9%しか消費しておらず、食料自給率低下の大きな原因となっている。

図1-3は穀物などの相場動向であるが、2000年前後は比較的安定して推移してきたものが、08年に相場は高騰した。前年、前々年の豪州での干ばつや欧州での天候不順の影響があったとはいえ、08年は豊作で、アメリカがエタノールとしての燃料原料にシフトさせたことが相場高騰の原因とされている。その後も高温、乾燥などの気候変動が発生する一方で豊作も混じりながらも、08年以降の穀物相場は08年以前よりもベースはアップしたままで、そのうえでロシアによるウクライナ侵攻をトリガーに相場は高騰した。

従来、豊作や不作による相場変動はあったが、地球温暖化の進行にともない天候不順が頻発することによって相場が上昇・高騰することが増加しているだけでなく、穀物の燃料原料使用にともなう需要が増加して、相場そのものが底上げされる構図へと変化しているものである。

図 1-4　農林水産物純輸入額の国・地域別割合

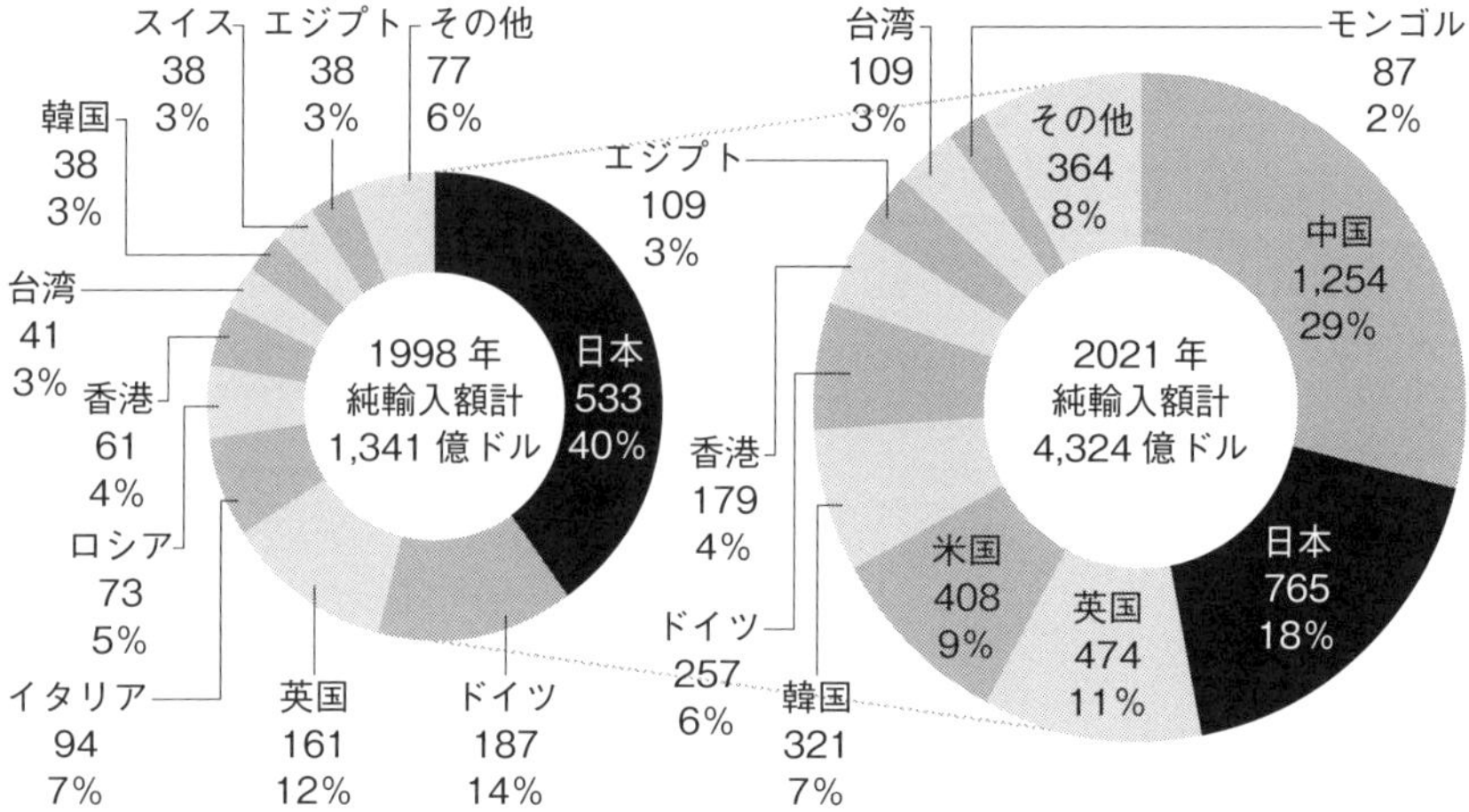

〈凡例〉 国・地域名
純輸入額（億ドル）
シェア（%）

資料：「Global Trade Atlas」を基に農林水産省作成
注：経済規模とデータ制約を考慮して対象とした 41 か国のうち、純輸入額（輸入額－輸出額）がプラスとなった国の純輸入額から作成

安定調達が困難化

今後、穀物相場の動向を大きく左右している気候変動要因、そして燃料原料としての需要要因はさらに大きくなり、これに国際関係の不安定化要因である軍事・戦争要因は増幅し、輸入環境はさらに厳しさを増し加えていく可能性は高く、食料安全保障はさらに切実な問題になってくるものと見る。

ところで、このように世界全体として食料、特に穀物の需給が逼迫する中、わが国の経済を見ると「失われた30年」とも言われるように、GDP（国内総生産）は停滞を続けており、一人当たりGDPは1998年の世界9位から、2020年13位にまで低下しており、2027年には16位になるものと推計されるなど、さらなる低下は必至とされている。

これが円安を招いており、**図1-4**のとおり日本は1998年には世界1位の農林水産物の純輸入国であり、プライスメーカーとしての地位にもあったが、2021年には中国が最大の純輸入国となり、プライスメーカーとしての地位も中国に奪われてしまっているのが現状である。

先に見たように、わが国の食料は国内農業生産の増大と輸入・備蓄によって調達することになっていたのであるが、国内農業生産と備蓄をおろそかにして輸入への依存を続けてきた。その輸入による安定調達が困難化してきたことから食料安全保障が揺らいでいるものであるが、農業基盤の弱体化が進行する中では、食料安全保障の確保は容易ではない大課題なのである。

輸入グリーンアスパラガスなどが市場へ入荷

基本法に書き込まれた食料安全保障

そこで現行の食料・農業・農村基本法では食料安全保障がどのような位置づけに置かれ、どのような内容となっているのか確認しておきたい。

基本法は第１章総則の第２条から第５条までを使い基本理念として、食料の安定供給の確保、多面的機能の発揮、農業の持続的な発展、農村の振興の四つが置かれている。

その基本理念の第一に第２条で食料の安定供給の確保がうたわれており、その第１項で「良質な食料が合理的な価格で安定的に供給されなければならない」としており、このために第２項で「世界の食料の需給及び貿易が不安定な要素を有していることにかんがみ、国内の農業生産の増大を図ることを基本とし、これと輸入及び備蓄とを適切に組み合わせて行わなければならない」としている。

そして第3項で「食料の供給は、……高度化し、かつ、多様化する国民の需要に即して行わなければならない」とする一方で、第4項では「国民が最低限度必要とする食料は、凶作、輸入の途絶等の不測の要因により国内における需給が相当の期間著しくひっ迫し、又はひっ迫するおそれがある場合においても、国民生活の安定及び国民経済の円滑な運営に著しい支障を生じないよう、供給の確保が図られなければならない」と食料安全保障についてもしっかりと書き込みがなされている。

そのうえで、第2章基本的施策の第1節を食料・農業・農村基本計画とし、第15条では基本計画を定めなければならないとしたうえで、基本理念の具体化のために10年先を目標年とする基本計画をおおむね5年ごとに策定すると同時に、政策のチェック機能を持たせている。

その第2項の二では食料自給率の目標を掲げることとしており、その第3項で「前項第二号に掲げる食料自給率の目標は、その向上を図ることを旨とし、国内の農業生産及び食料消費に関する指針として、農業者とその他の関係者が取り組むべき課題を明らかにして定めるものとする」とされている。

さらに、同じ第2章の第2節の食料の安定供給の確保に関する施策として、第19条に「不測時における食料安全保障」が置かれ、「国民が最低限度必要とする食料の供給を確保するため必要があると認めるときは、食料の増産、流通の制限その他必要な施策を講ずるものとする」と書かれている。

1999年に基本法が成立して以降、気候変動、燃料原料としての穀物需要の発生、中国の台頭等、大きな環境変化があったことは確かであるが、このように基本法では食料安全保障を含めた食料安定供給の確保に関する施策や農業の持続的な発展に関する施策を講じていくことについてしっかりと明記されている。

先に見たように食料品価格や生産資材の上昇、農業経営の悪化から即、現行の基本法の見直しへと政治的な流れが導き出されたわけであるが、基本法云々というよりは問題はむしろ基本法がありながらもそれが機能せずに、今の日本農業の基盤の弱体化を招くことになったところにあり、基本法が機能しなかったことについての検証と、それを踏まえての施策展開のあり方の見直しこそが重要である。

農政審議会では基本法見直しのための検証部会をひらき、様々な議論が展開されたものの、残念ながら食料安定供給に関する国際情勢などをはじめとするリスクの検証にとどまり、政策のあり方や政策そのものの検証にはなっていないと言わざるをえない。

食料安全保障の構図

そこで、まずは食料安全保障の定義と検討する枠組みについて確認しておきたい。

国連食糧農業機関（ＦＡＯ）は、「限られた食料の状況下で最良の健康結果を得るための食品安全に関する考察」の中で、「食料安全保障とは、すべての人々が、常に物理的、社会的、経済的に、活動的で健康的な生活のために、食の嗜好と食事のニーズを満たす十分かつ安全で栄養のある食料を入手できることを意味する。／食品安全は、食料安全保障と相互に関連し、食料安全保障の達成に不可欠である」と定義づけしている。

この定義はきわめて広く食料安全保障を位置づけており、言ってみればすべての人が持つ食の権利を内容とするもので、人口の増大と、南北問題や所得格差にともなう貧困層への食の供給への対応の重要性を念頭に置いた定義と理解される。広義の食料安全保障とも言うべきもので、これはこれで時代の流れを反映しており、食料供給の基本的考え方として尊重していくことが必要である。

しかしながら今、食料安全保障問題として世界を揺るがしているのは、気候変動による凶作や戦争による輸入の途絶などの不測の事態であり、先進国も含めたより深刻な事態を想定したものであって、いわば狭義の食料安全保障とも言うべき食料安全保障の核心部分をなすものであって、これを抜きにしての食料安全保障についての議論はありえない。

食料安全保障については、まずのちに述べる食生活モデルⅠに平常レベルを置き、食料安定供給が揺らいでいる状況を二つに区分して、Ⅱの不安レベルとⅢとして不測の事態に分けて考えていくことが必要である。

基本となる不測の事態の対応

このように食料安全保障を不安レベルの広義での捉え方と不測の事態という狭義での捉え方との二重構造で捉えるべきであるとするのは、それぞれのレベルでこれに対応する食生活も情勢に応じて区分していくべきと考えるからである。

図1-5に見るように、食料安全保障から見てⅠ平常レベルに対応するのが食生活モデルⅠ、Ⅱ不安レベルに対応するのが食生活モデルⅡ、Ⅲ不測の事態に対応するのが食生活モデルⅢとなる。

食生活モデルⅠは「高度化し、かつ、多様化する国民の需要」に対応した多様な食生活を内容とするもので、これは一定の国内生産（自給）を確保したうえで輸入によって供給されることが望ましい。

食生活モデルⅡは食料供給の不安に対応して、多様な食生活を尊重しながらも基本は日本型食生活に置かれ、一定の輸入をはかりながらも基本は国内生産（自給）で対応することになる。

そして不測の事態に対応する食生活モデルⅢは国内自給によって賄うしかなく、日本型食生活が前提されることになる。

なお、ここでの日本型食生活というのは国産の食材によって提供される食全般を指すものであり、一汁一菜、ご飯に味噌汁と魚か野菜をつける伝統的な食事が多いとはしても、必ずしもこれに限定されるものではない。

ここで見えてくるのが、食生活モデルⅢの重要性であり、食の多様性を前提にした食生活モデルⅠやⅡであっても、不測の事態に対応できるよう国内自給に対応した日本型食生活がその一定部分を占めることを前提にして輸入の程度を調整していくことが

図 1-5　不測時に対応した食生活モデル（イメージ）

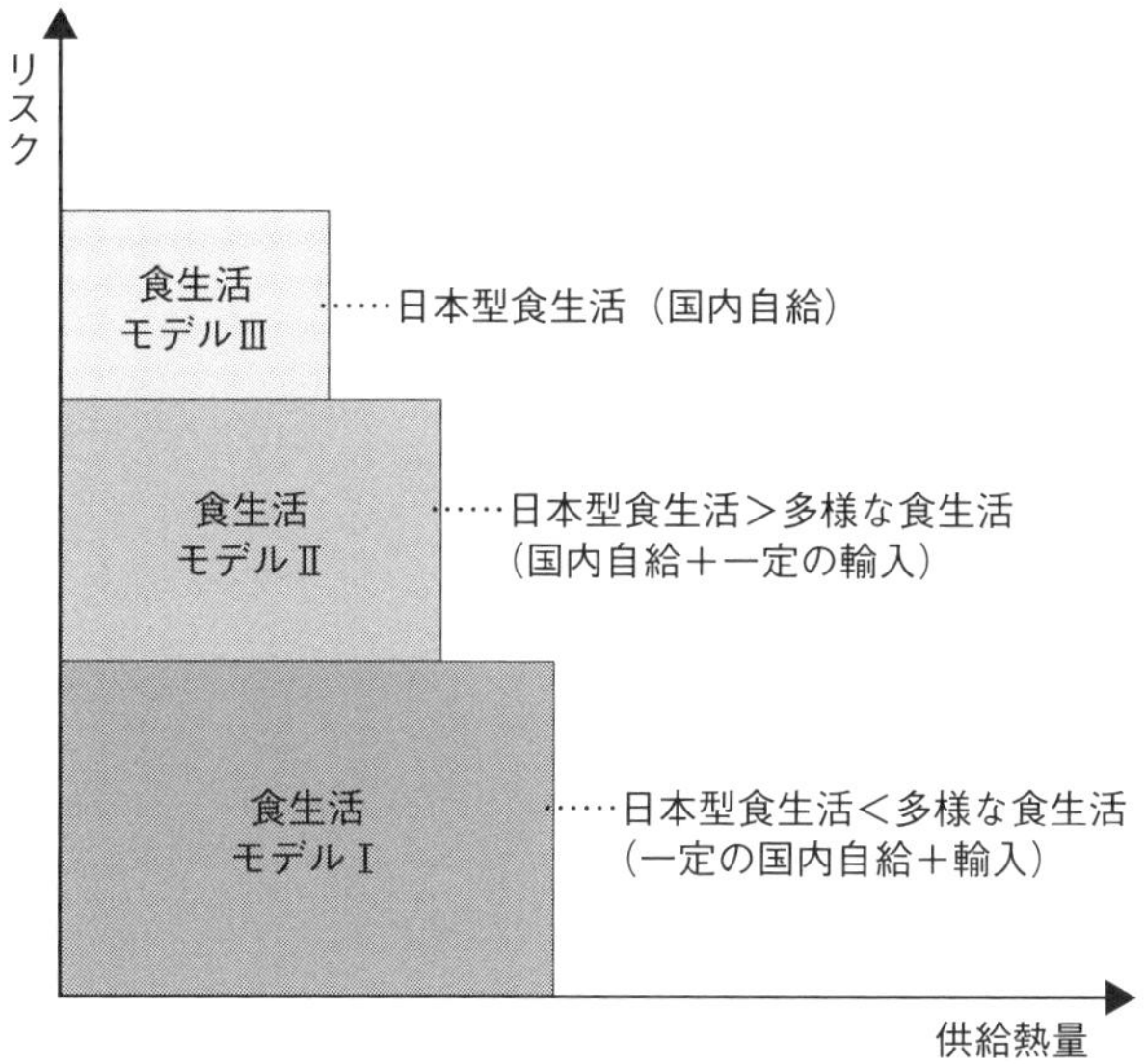

資料：蔦谷栄一

必要だ、ということである。

いかに食の多様性を尊重するにしても、常に一定部分は食生活モデルⅢの事態を想定した対応が織り込まれたものとなっていることが欠かせない。これは伝統的な日本の食生活・食文化を残していくということにもつながる。

しかしながら農政審議会の検証部会での議論でも、農業予算でも、水田の畑作化・汎用化が主たる議論・政策となっているが、そこには長期的にも一定面積の水田を維持・確保していくという発想は見られない。生産能力が高く食料供給能力の高いのは適地適作の作物であり、不測の事態への対応能力は最も高い。

その中心となるのは水田稲作で、さらに食料供給が逼迫した場合にはこれにイモ類を大幅に取り入れることになる。米・稲作は、生産性が高いばかりでなく、食味が良く、保存性も高く、どのような副食とも調和する優れものである。

このように平常レベル、不安レベルでも、食の多様化を尊重しながらも日本型食生活をベースに置き、小麦などを増産し食料自給率の向上をはかる一方で、一定面積以上の水田は維持しながら輸入も許容していくというのが、食料安全保障を大きな課題として抱えざるをえない農産物貿易自由化時代の基本スタンスなのではないか。

食生活の基本を見直す好機

ここで多様化した食生活を旧に戻すことは困難とする意見も多いことから、食生活を変化させることは可能か、という問題について考えてみたい。

図1-6のとおり、わが国の食生活は大きく変化してきた。これにともない食料自給率は大幅に低下し、かつ国際的にも異常な低位水準にあるが、これは日本だけではなく韓国、台湾も同様であることは先に見た。いずれも主食である国民一人当たりの米消費量が大幅に減少していることに起因しており、まさに食生活の変化がしからしめているものである。低食料自給率、食料安全保障の問題は東アジアに共通しており、長期的には現在は米輸出国で、かつ、ここに来て経済成長が著しいタイやベトナムなど、米文化圏全体の問題になる可能性もある。

日本での食生活を大きく変化させたのは第二次世界大戦の終戦にともなってのアメリカからの食料援助であった。アメリカで過剰となった小麦粉と脱脂粉乳を利用して学校給食にパン食とミルクを導入させたもので、あわせて食の洋風化を宣伝するキッチンカーを走らせ、フライパン運動を展開。食の洋風化への違和感を払拭させるのに大きな役割を果たすことになった。これがその後の経済成長にともなう外食ブームに結びつき、大きく食生活を変える原動力になった。

アメリカからの食料援助はともかくとして、経済成長にともなう食の多様化に大きな影響を与えたのはマクドナルド、ケンタッキー・フライド・チキンなどの外食産業や、コカ・コーラやペプシコーラをはじめとする清涼飲料水などのメーカーであり、アメリカ資本による攻勢を見逃すことはできない。アメリカのライフスタイルに対するあこがれをかき立て、食の簡便化・外食化を推進していった。

韓国、台湾も日本に続いて高度経済成長を遂げ、所得が大幅に向上して食生活の多様化は著しく、こうした流れは東アジアに共通する。アメリカ資本、あるいはこれと提携しての外食産業、食品メーカー

図1-6　食生活をめぐるライフスタイルの変化と意識

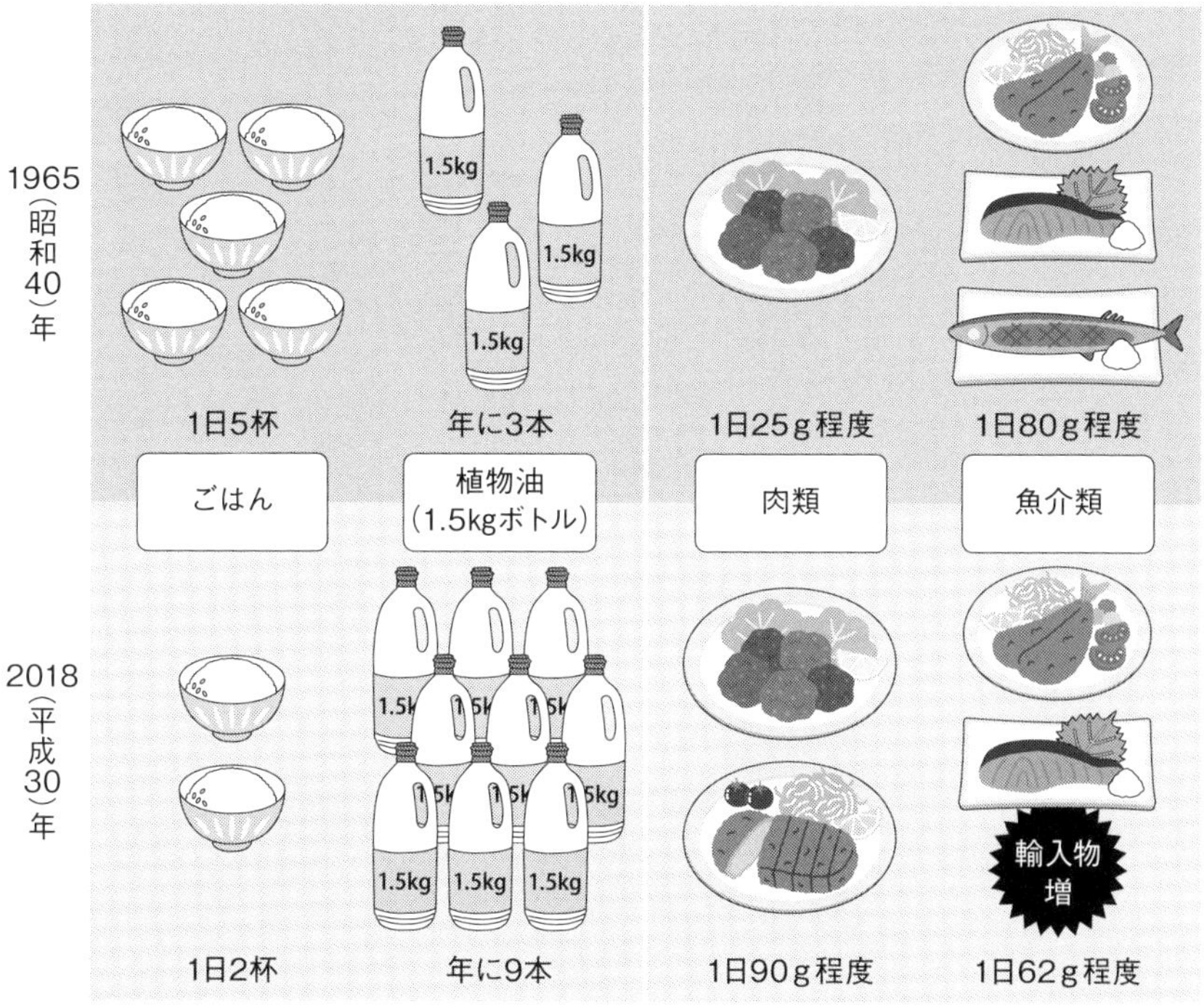

資料：ファイブ・ア・デイ協会

が食ビジネスの世界戦略として、経済成長と一体化させて米文化圏の食事を変化させてきたのが実情といっても大きくははずれていないであろう。

　ところで多様化した食生活を元に戻すことは困難というのが一般的な見解であり、一概にこれを否定するものではないが、このように食生活の変化はアメリカの世界戦略、国際ビジネスとして人為的・意図的に引き起こされてきたという面も否定しがたい。

　これは状況・環境が、食事、食生活をある程度は変えることができることを示していると言うこともできる。多様化しつつも、文化の一つの源である伝統的な食事、食生活をある程度残していくことは、食料安全保障が重要課題化する環境・情勢の中であるからこそ、必要であるといえる。むしろ今が食生活のあり方、農業のあり方を見直していく絶好の機会であると捉えることもできよう。

この食生活・食文化と農業とを一体的に見ていくことは、食料安全保障はもちろんであるが、国土安全保障という面からもきわめて重要である。まさに東アジアにとどまらず米文化圏に共通する問題として、これを重視していくことが大切である。

国土安全保障上も不可欠な水田稲作

図1-7は、農水省がWTO（世界貿易機関）と農産物輸入自由化にともなっての交渉に際して、農業の持つ多面的機能は最大の非貿易的関心事項であることを強調したものである。

土壌の流失防止、洪水の防止、地下水の涵養、景観保全、さらには文化の伝承などが、農業の持つ多面的機能としてあげられるが、食料安全保障はもちろんのこと、国土安全保障でもきわめて大きな役割を果たしていることを示している。まさに土壌の流失防止、洪水の防止、地下水の涵養は国土保全に直結するものであり、加えて農業が営まれているところには人が住み、集落が形成されており、地域社会の維持・活性化にも欠かせないことは言うまでもない。

この多面的機能を最も発揮しているのが水田稲作であり、水田なくしては食料安全保障が困難になるばかりでなく、国土安全保障も大きく揺らぐことになる。気候変動は乾燥や熱暑とともに豪雨をも増加させ、短時間に雨量が集中する傾向を強めている。凶作は食料安全保障を直撃するが、豪雨が一挙に河川に流入することにともなう洪水・氾濫は食料の供給を奪うだけでなく、大規模な災害を引き起こし、国土安全保障にも甚大な影響を与えかねない。

水田は田んぼに貯水した水をゆっくりと河川に流し込むことによって、洪水の防止などに大きな役割を果たす。最近では小さな穴の開いた調整板を田んぼの排水溝に取りつけることによって流出量をコントロールし、水田の雨水の貯留機能を高める「田んぼダム」を普及させる動きも広がっている。

今後、一段と地球温暖化がすすみ、気候変動が大

図 1-7　農業の多目的機能と非貿易的関心事項の内容的な包含関係

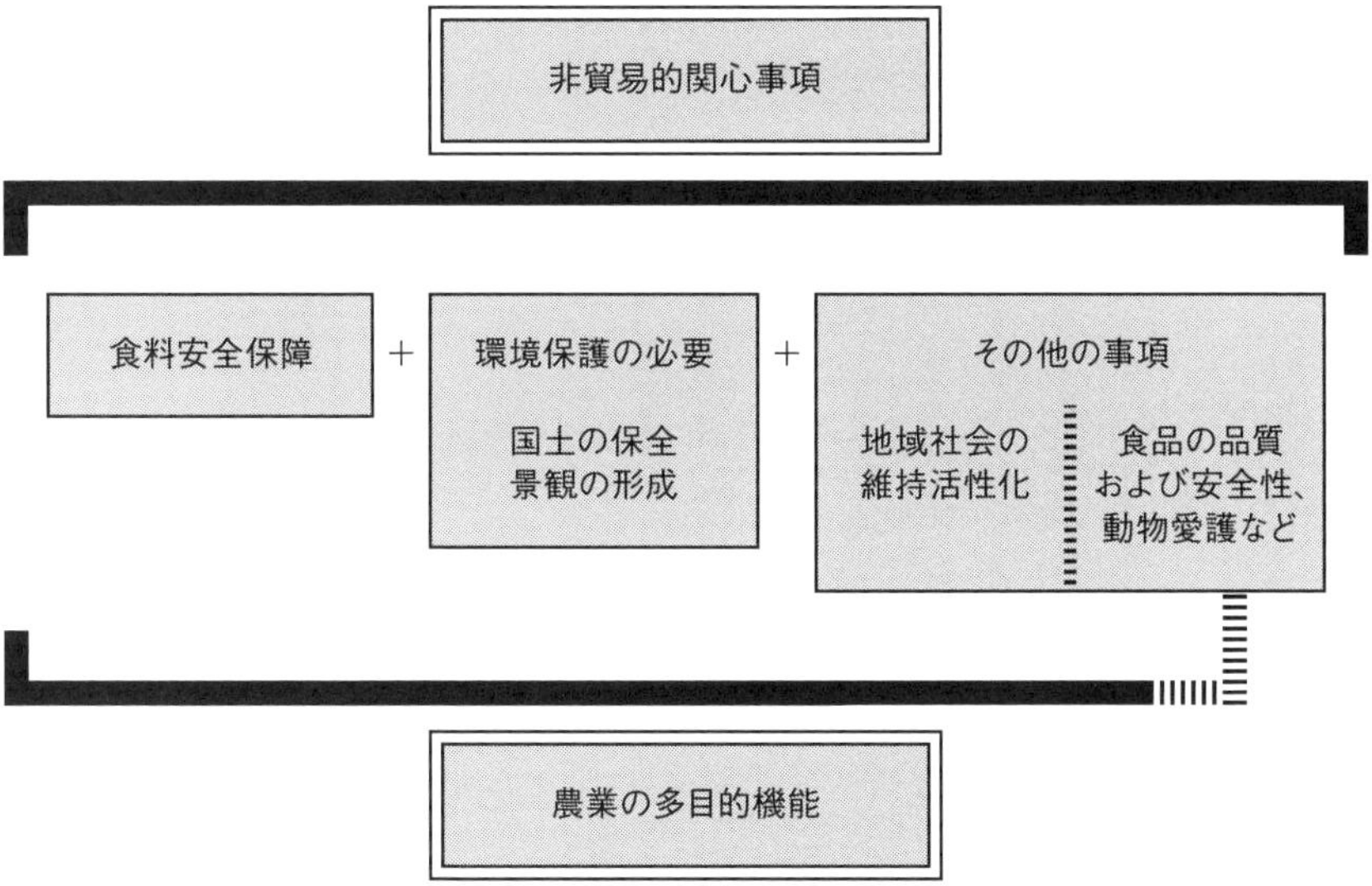

資料：農林水産省「WTO 農業交渉の現状と論点」2000 年９月

きく激しくなる可能性は高く、水田が持つ食料安全保障機能と国土保全機能はさらに重要性を増すことになりそうだ。一定の水田面積の確保は食料安全保障上からだけでなく、国土安全保障上からも絶対に必要とされるものである。

スイスに学びたい哲学と実践

食料安全保障と言えば、必ずのように引き合いに出されるのがスイスである。

『日本農業年報68』の平澤論文「スイスの食料安全保障関連政策」によれば、スイスは１９９３年からガット（関税貿易一般協定）ウルグアイ・ラウンド合意を横にらみして、市場志向を強める一方で、直接支払いの導入により環境保全を重点とする農政改革を開始した。その後の農業の収益性低下と離農の増加などを踏まえて、96年に連邦憲法に食料安全保障を農政の第一の目的に設定した。

また、２００７年から08年にかけての穀物価格高騰にともない、食料安全保障の強化をはかるため直接支払い制度を再編して、農地の維持を目指した面積支払いである「供給保障支払」と「農業景観支払」の導入をはかった。さらに17年には連邦憲法の食料安全保障条項に追加して農業の条件整備として五つの事項を定めており、その第一に「農業生産基盤、とりわけ農地の保全」が掲げられた。

このように食料安全保障を確保していく観点から国内農業生産を拡大する一方で、国家経済供給制度が構築されており、備蓄を中心とした食料確保策もしっかりと組み込まれている。

永世中立国であり、食料安全保障について国民の関心・意識が高いこともあるが、食料安全保障を確固として軸に据え、その時々の情勢変化、環境変化を織り込みながら、農業生産、農地維持をはかってきた農政展開は見事というしかない。

これを参考にわが国の食料安全保障政策を見直し、強化していくことは大切であるが、これは国民の高い意識と長年の政策の積み重ねの歴史があってこそ可能になってきたものであり、到底一朝一夕にまねすることはかなわない。

まずは食料安全保障を確立していくためにも、農地を維持し、担い手の確保を可能とする直接支払いを大幅に拡充しての農政見直しから再出発するしかないのではないか。

キューバの経験と都市農地の重要性

そうした中、日本の場合、特に重視しておきたいのがキューバの経験である。キューバはご承知のようにカリブ海に浮かぶ社会主義国であり、長年にわたってカストロ政権が続き、独自の存在感を放ってきた。

1990年頃までは、キューバはソ連を中心とする社会主義圏の一員として分業経済に組み込まれて、農業生産はサトウキビとタバコに特化してきた。小麦などの食料はもちろんのこと、肥料・農薬などの農業資材も全面的に輸入に依存してきた。それがソ連・東欧社会主義圏の崩壊にともない、輸入は途

オルガノポニコ農法による農園（ハバナ市近郊）

絶し、一転して生きていくのに必要な物すべては自給していくことを余儀なくされた。

政府は「スペシャルピリオド（平和時の非常時）」を宣言して、食料の自給化・国産化、有機農業への転換、バイオエネルギーなど国内資源を活用しての産業発展などを国民に呼び掛けた。

国営農業の規模縮小をはかる一方での、協同組合形態である協同生産基礎単位（ＵＢＰＣ）の設置や食料自給化のための菜園地の貸与などの農業の再編も行われたが、国民・市民は周りにある空き地はもちろんのこと、生け垣や公園なども農地に変えて野菜の自給に努めようとする人たちが続出した。

結果的には都市部での高い自給率を確保すると同時に、当然、化学肥料も農薬もないことから、コンポストで堆肥をつくるとともに、オルガノポニコと呼ばれる有機農法、具体的にはコンクリートの瓦礫や木で囲んだ枠内に土壌を客土し、コンポストでつくった堆肥を混ぜ込んで高畝で野菜を栽培する菜園も開発された。

その後、キューバは循環型の経済を構築することによってスペシャルピリオドの危機を乗り越え、食料事情も改善された。これにともない現在では首都である大都市ハバナで農地を見かけることはほとんどなくなり、また一部で有機農業に取り組んでいる農業者はいるが、有機認証や有機ブランドを見かけることはなく、有機農業についての意識は乏しいのが現状である。

さて、都市化がすすむ中で不測の事態が発生した時の最大課題は都市住民の食料調達である。不測の事態にはシーレーンが封鎖されて輸入が途絶するだけでなく、農村から都市への輸送もままならないことも十二分にありえる。

そうした事態になっても、都市での一定以上の自給度を確保していくにあたっては都市農地が大きな役割を果たすことになり、都市農地の保全がきわめて重要である。都市での一定程度の自給度を確保していくことが、都市はもちろん、国家を救うことにもつながることをキューバの経験は教えている。

農地が点在する都市がある国は日本だけであり、まさに日本の財産である。この都市農地を半永久的に残していくことは今後の農政はもちろん、国政の最重要課題の一つである。併行して一般の市民・住民が鍬を振るい、種を播き育てる体験・経験を、大人も子どもも積んでいくことを可能にする仕組みや機会を増やし、国民皆農の〝土壌づくり〟をしていくことが欠かせない。

第2章

Agro-
Society

水田が消える？

農政で軽視されてきた自然資源・歴史

農水省の農政審議会の検証部会では、食料安全保障に特化する形で議論が行われてきたが、議論がすすむほどに農業生産基盤の弱体化が浮き彫りになってきたというのが実情である。

ここではリスクの実態や海外事例などを踏まえての食料安全保障に関する検証が行われてはいるものの、日本農業の実情を斟酌し、かつその将来展望を切りひらいていくにふさわしい議論は乏しく〝検証なき検証部会〟の感が強い。

改めて整理すれば、今、日本農業は量と質の両面でともに大きな課題を抱えているが、量の面は食料安全保障に集約され、一定以上の食料自給率の確保を抜きにしては食料安全保障を確保できる情勢でないことは第1章で見たとおりである。食料自給率の向上は農業生産基盤の強化が前提となる。そして質の面では農業の持続可能性を獲得していくために、みどりの食料システム戦略の目標達成が欠かせないということになろう。

この両面について考えていくにあたって大切なことは、まずは日本農業の実情についての把握を前提にして、わが国の持つ自然資源、地域資源とともにそのベースにある歴史などについての理解が不可欠となる。これを踏まえた日本農業のあり方を明確にし、これまでの農政の展開を総括したうえで、今後の農政のあり方を考えていくことが求められる。特に、わが国の自然資源や歴史などは軽視される一方で、生産力・効率性向上に偏重してきた経過があり、これがわが国農業に大きなひずみをもたらしてきた大きな要因となったことは強調しておきたい。

半世紀余りで約3割が減少した農地

食料生産は農地なしには不可能であるが、わが国ではその農地が激減している。2021年の農地面積は434・9万haであるが、この60年の間に17

図 2-1　農地（耕地）面積の推移

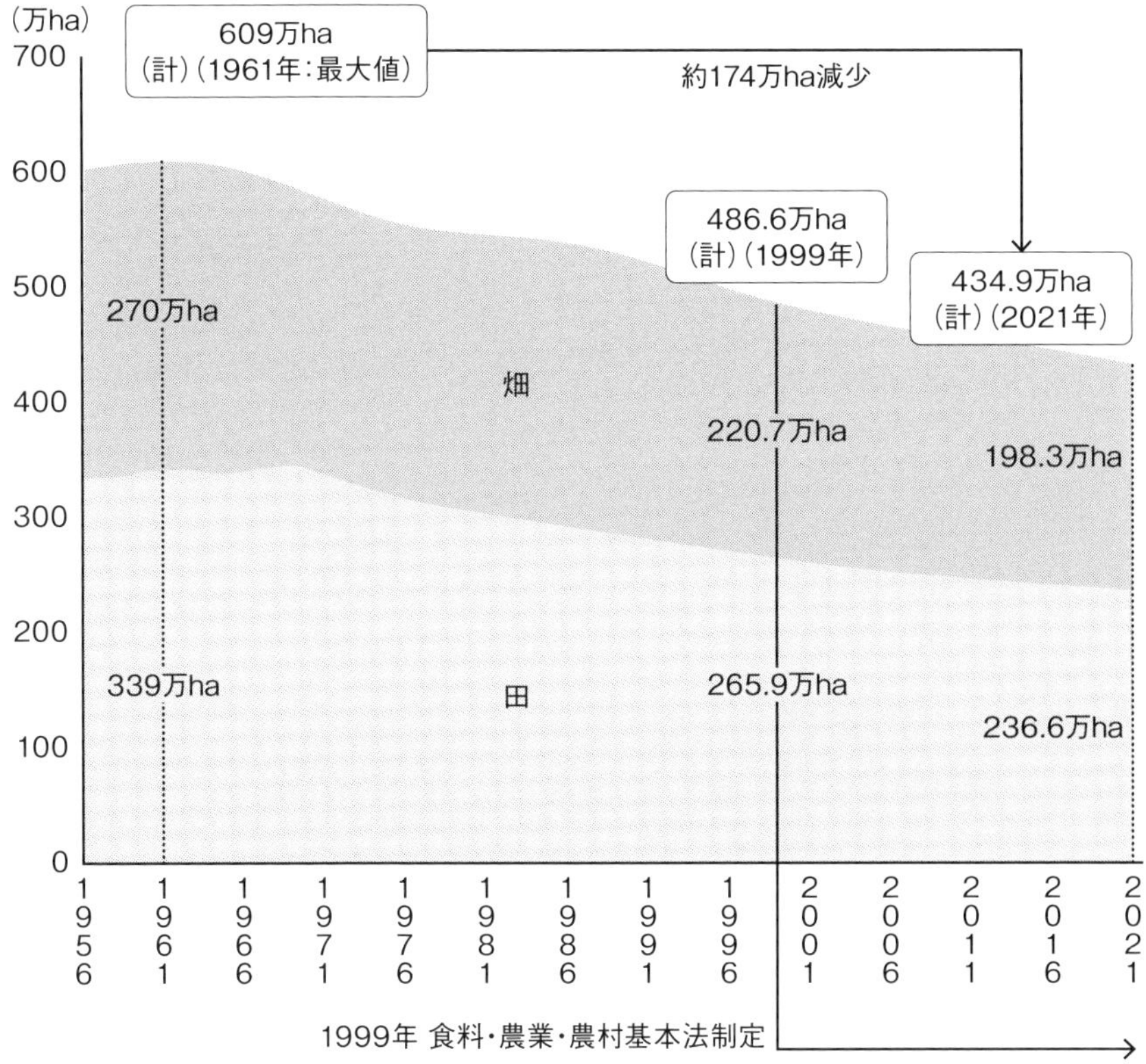

資料：農林水産省「耕地及び作付面積統計」

4万haも減少しており、その減少率は28・6%と約3割にも及ぶ。これは毎年2・9万ha、つまり3万ha弱が減少している勘定となる。畑の減少率は26・6%で、田は30・2%と田の減少のほうが大きい（**図2-1**）。

この半世紀余の前半は高度経済成長にともなう工場用地、道路、宅地などへの転用が、後半は離農や経営規模縮小、耕作放棄化が主因をなす。

いったん転用された農地を再び農地に復元することは難しい。農地は私有物であるとともに、農地法では耕作者主義が適用され、基本的には農家しか所有することはできない。

改めて農地法のあり方も含めた議論が必要となるが、食料安全保障も踏まえた長期的視点からは、もはや農地の公有化、公共財産化についての検討も本気でなされるべき状況にまでいると言ってもあながち的外れではなかろう。

始まりつつある団塊世代のリタイア

農地が平均すると毎年3万ha弱減少し、この60年ほどの間に約3割の農地が減少したことは大きなショックであるが、これ以上のショックが担い手の大幅な減少である。

図2-2は1998年以降の推移を見たものであるが、1998年に691万人であった農業従事者数は2021年には229万人と、何と462万人が減少しており、減少率は66・9%に及ぶ。わずかこの20年余の間のことである。農業従事者のうち基幹的農業従事者だけ見れば1998年の241万人は2022年には123万人と49・0%の減少となっている。

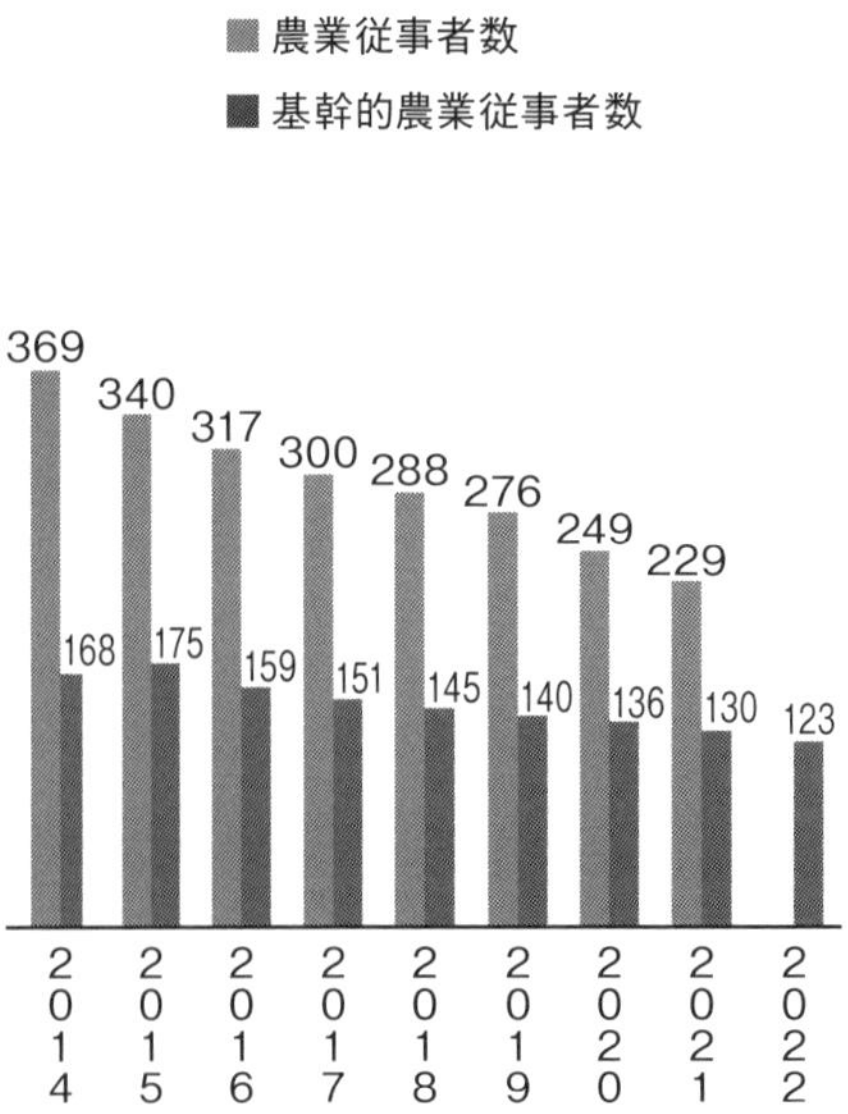

資料：農林水産省「農林業にセンサス、農業構造動態調査」ただし、2022年については第1報

この20年ほどの間に、高齢化にともない、いわゆる昭和一桁世代が大量にリタイアしたことが大きく作用していることは確かであるが、基幹的従事者に絞ってみても50%弱の減少を示していることは、由々しき事態に既に突入していることは明白である。小規模経営が日本農業の特徴であるが、年々、1経営体当たり経営耕地面積は拡大し、2022年には全国平均で3・3haとなり、20

図 2-2　農業従事者数と基幹的農業従事者数の推移

○農村人口の高齢化により、農業従事者数は減少傾向
○基幹的農業従事者数についても、基本法制定時（1998年）の約240万人から半減の123万人となっている

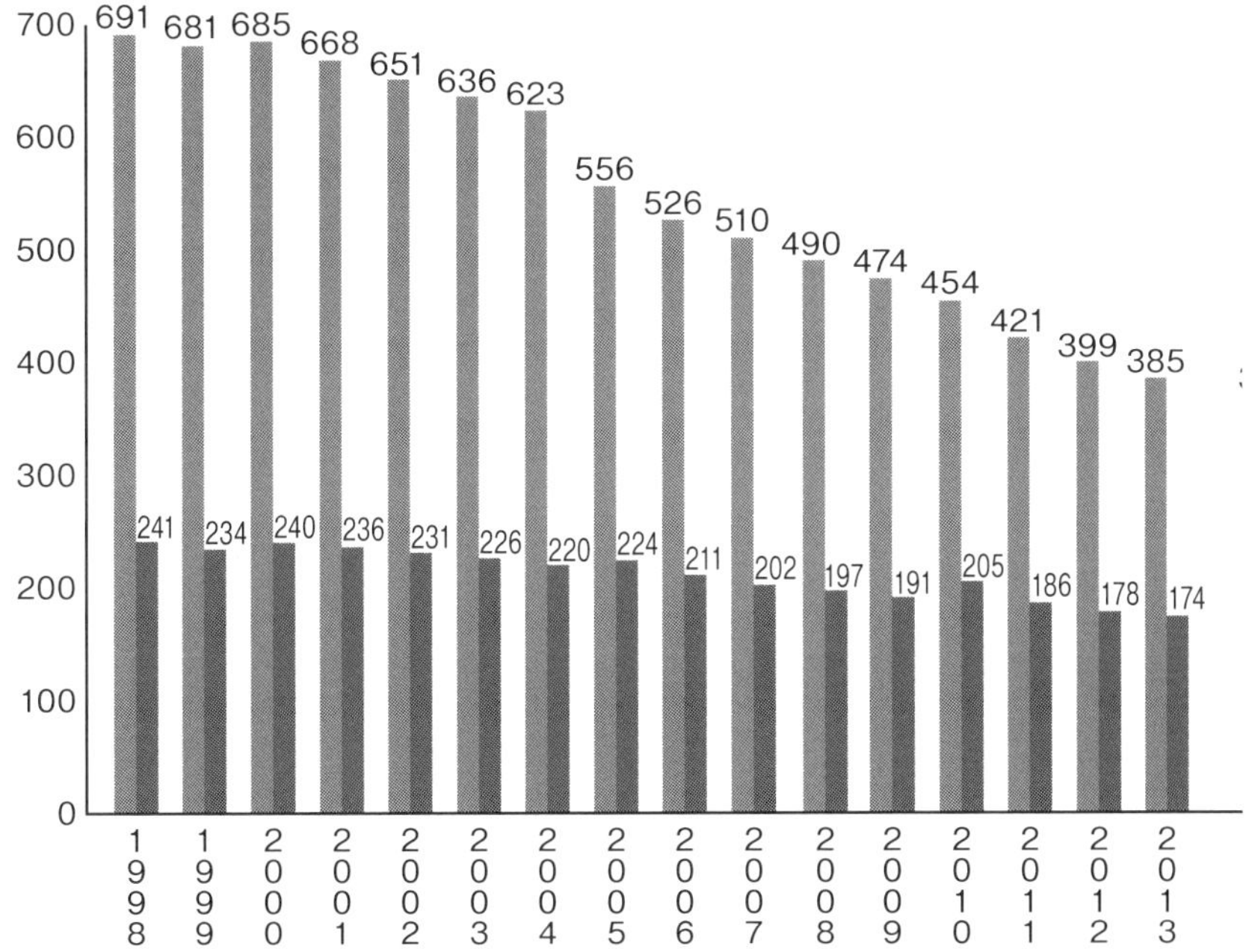

農業従事者：15 歳以上の世帯員のうち、調査期日前 1 年間に自営農業に従事した者
基幹的農業従事者：15 歳以上の世帯員のうち、ふだん仕事として主に自営農業に従事している者
※平成 31 年（2019 年）までは販売農家、令和 2 年（2020 年）からは個人経営体の数値

０５年の１・９haと比べても規模拡大は著しいが、これは営農を取り止める農家が管理を委託したり賃貸・売却に出すものを、残っている農家が地域にある農地を守るために採算を度外しして引き受けているものが多く、前向きの経営展開としての規模拡大は一部にとどまっている。

さらに次頁の**図２-３**を見ると、基幹的農業従事者に占める70歳以上の割合が56・7％と過半を占めている。まさに75歳前後の団塊の世代によって支えられているものであるが、団塊の世代は既にリタイアの時期に入りつつあり、この5年、10年の間にはそのほとんどはリタイアして、大量の農地が供給されるようになることは必至だ。その一方で、引き受け手は乏しく、経営の維持・安定化が困難な現状のままでは新たな

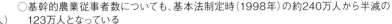

図 2-3　基幹的農業従事者の年齢構成（令和４年=2022年）

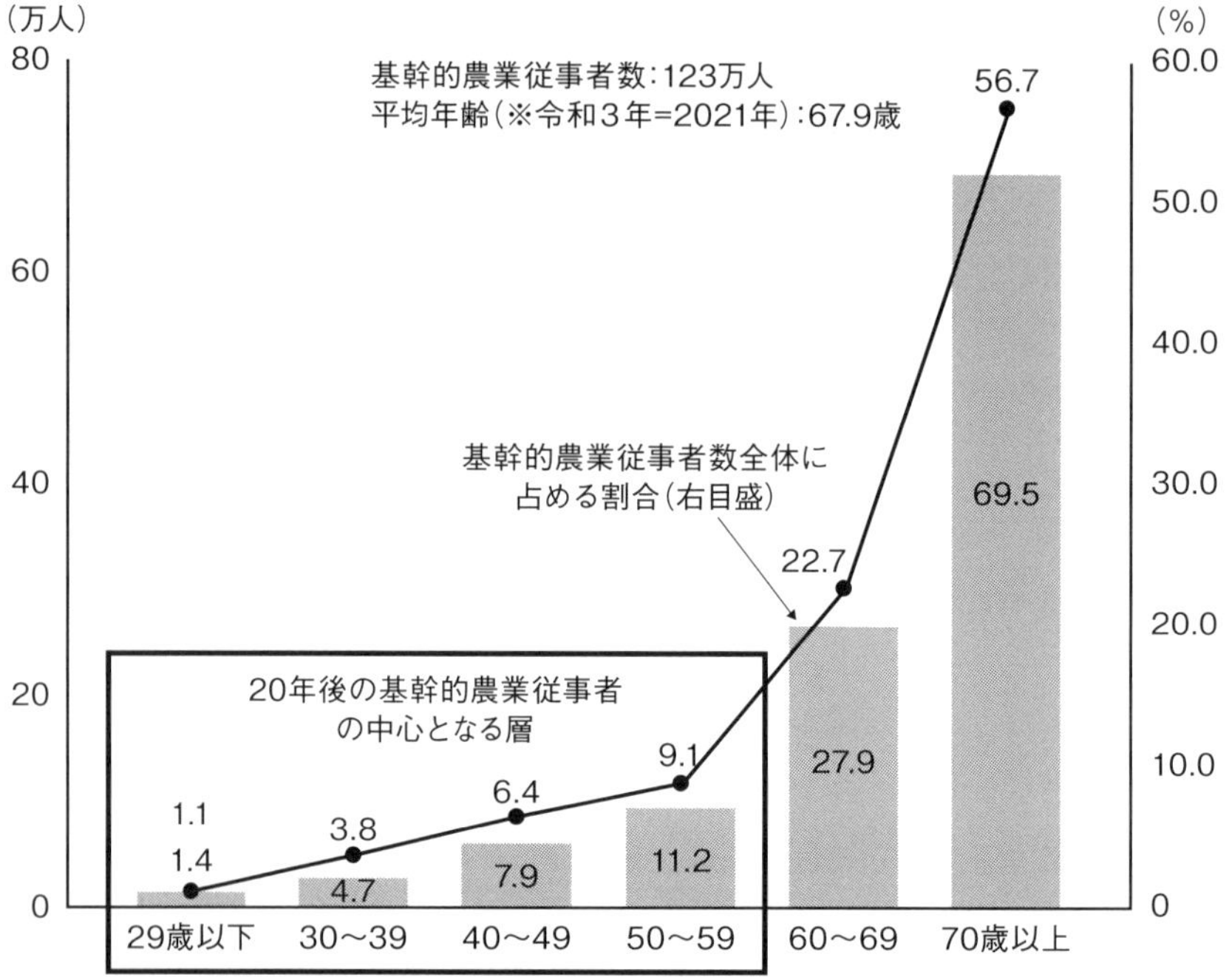

資料；農林水産省「農業構造動態調査」（令和３，４年 = 2021、2022 年）
基幹的農業従事者：15 歳以上の世帯員のうち、ふだん仕事として主に自営農業に従事している者をいう

担い手の供給・確保も期待しがたい。農業生産基盤の弱体化はさらに進行し、食料安全保障の確保、食料自給率向上どころか、食料自給率は再び低下を始める可能性も高い。

　こうした中、担い手の確保や経営の維持をはかるため法人化がすすめられている。法人経営体の数は増加して２０２０年で３万７０７法人となっており、全体の経営耕地面積や農産物販売金額に占めるシェアも拡大は著しく、農産物販売金額は２０２０年で37・9％を占めるに至っている。しかも5億円以上の販売金額を実現している法人経営体数は、２０２０年では１２６８に上っているというのも驚きだ。

　農業の維持、人材を確保しての経営の継続のために法人化はなくてはならないツールとなっているが、法人化するほどに市場での競争にさらされることを余儀

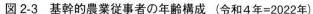

担い手確保が問われる（コンバインによるイネ刈り。栃木県野木町）

なくされもする。生産条件のよいところはともかくとして、生産条件の芳しくないところまで法人経営体がカバーすることは難しい。中山間地域では集落営農法人が主要な担い手として機能してきたが、団塊の世代のリタイアも絡んでリーダーの確保が困難化し、経営のバトンタッチがままならないところも多いというのが実情でもある。

まさに日本農業の維持、食料安全保障の確保は赤ランプが点滅しており、農業生産基盤の維持は崖っぷちに立たされている。

米と畜産の経済学

ここでもう一つ確認しておく必要があるのが、食料消費構造の変化にともなう食料自給率の低下、農業生産の構造的変化についてである。

次頁の**図2-4**はこれについて1998年度と2021年度とを比較して変化を見たものであり、縦軸はカロリーベースで農畜産物を消費割合の大き

食料自給率の変化

および小麦の自給率は上昇し、果実および野菜の自給率は低下

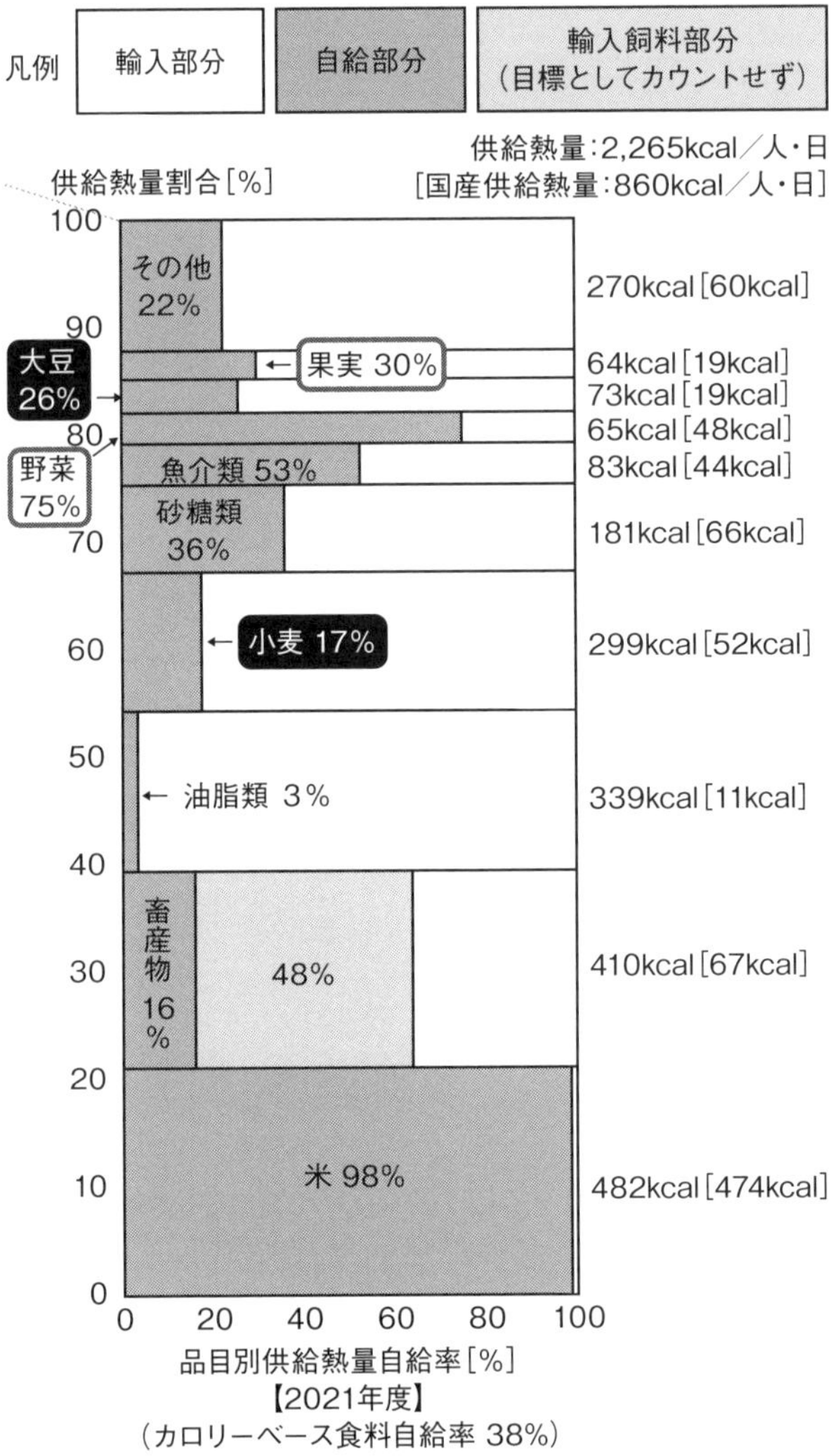

いものから下から上に並べたもので、横軸は各農畜産物の自給割合を見たものである。

トータルした供給熱量は13・0%と大きく低下しているが、供給割合で見ると、最も割合の大きい米と畜産物の合計はほぼ40%と変化はないものの、米が減少した分だけ畜産物は増加する形となっており、畜産物に対する米の割合では1998年度1・59であったものが、2021年度は1・18へと大きく低下しており、米と畜産物の消費量は並びかねないところまで接近している。

この米は一部輸入義務を負っているが、基本的には全量自給可能である。その米の消費量が大きく減少し、かつ減少傾向が続いている。一方、増加している畜産物は２０２１年度では64％は自給している形にはなっているとはいえ、うち48％は国産とはいいながらも輸入飼料によって育成されている計算となる。

これ以外の変化としては小麦、大豆の米以外の穀物の自給分が増えてはいるが、自給度の高い野菜と果実は逆に低下した形となっている。

図 2-4　食料消費構造と

○過去20年で食料自給率は向上していない。品目別では、大豆

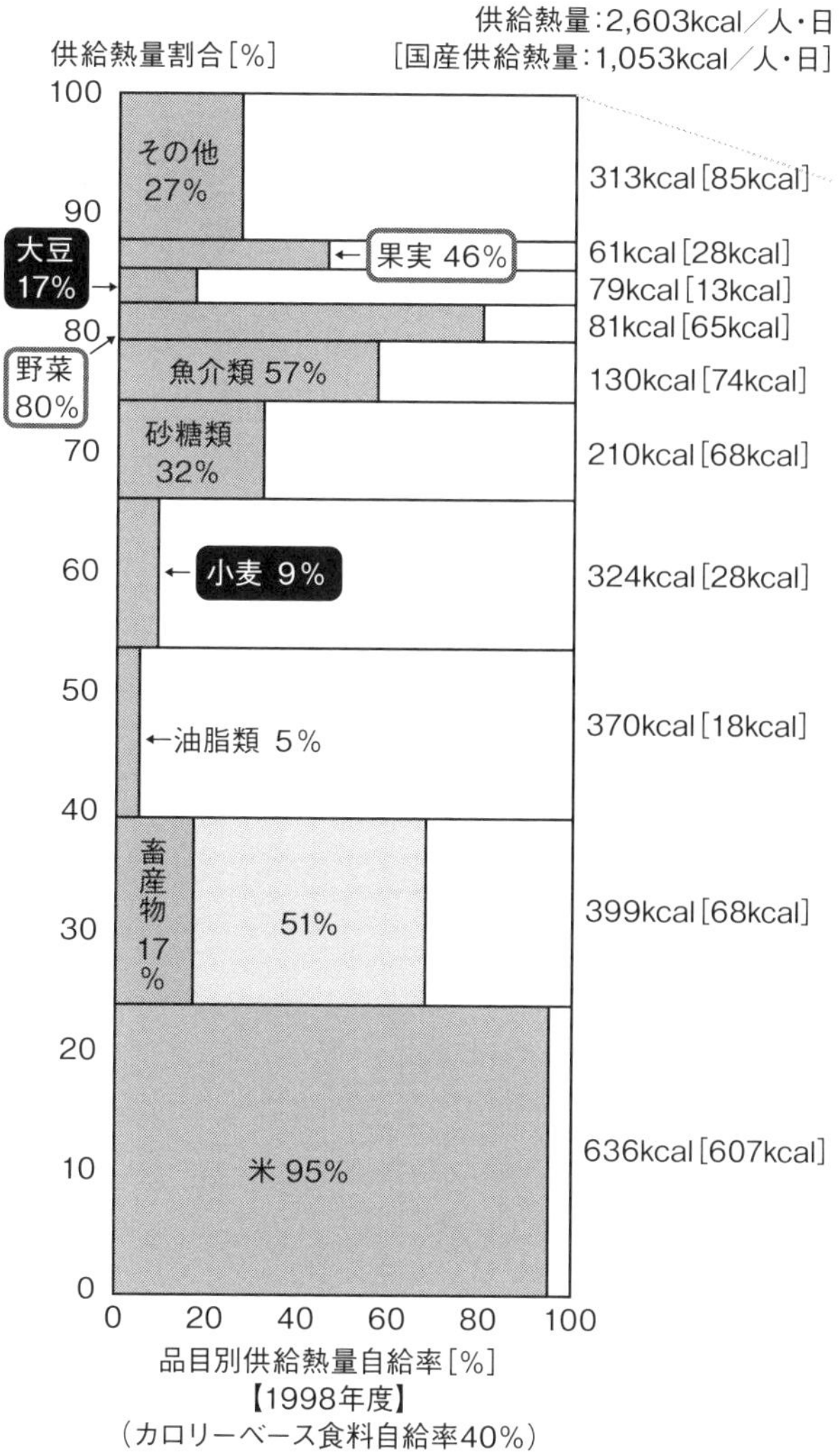

資料：農林水産省「食料需給表」

このように米の消費量減少と食肉消費量の増加という食料消費の変化が、国産で自給可能な米の消費量減少＝水田面積の減少に直結して１９７０年からの減反、米生産調整を開始させることになった。そして食肉消費量の増加にともない畜産振興がはかられてはきたものの、家畜に供給する飼料については大規模面積で低コストで生産するアメリカやブラジルなどからの輸入物に価格で対抗することができず、輸入への依存を強めてきたものである。

図２-４は１９９８年度と２０２１年度を比較したものであるが、１９７０年代、60年代と時間を遡るほどにこの傾向を顕著に読み取れる。意図的であったのか結果的にそうなったのかはともかくとして、工業製品を輸出する見返りとする形で、穀物を中心とする農産物輸入が拡大されてきたものである。すなわち消費構造、食を変化させながら、日本に小麦粉や畜産物、油脂、さらに飼料穀物を輸入させ、一方では輸出国並みの生産性確保は困難であるにもかかわらず、大規模経営による生産性向上・競争力確保というニンジンを馬の鼻づらにつけさせて、地域農業を主とする日本農業の崩壊をリードしようとしているかのごとくである。「米と牛乳の経済学」ならぬ「米と畜産の経済学」の本質はここにある。

農業は風土産業

日本農業は一貫して大規模化による生産性向上を目指してきた。明治初期に設けられた札幌農学校の教師がアメリカを中心に招聘されたことが象徴するように、風土産業であるはずの農業のモデルは欧米に置かれてきた。戦後もアメリカに対するあこがれという以上にコンプレックスは強く、政府はわが国農業の小規模性脱皮を一貫して掲げ、追い求めてきた。

経済性という面では規模の経済が働き、現状での平均経営面積がアメリカの１００haとわが国の３・３haでは勝ち目はない。ましてオーストラリアの１０００haと、経済性でキャッチアップ（追い付くための努力）しようと考えること自体がばかばかしい話である。農業が営まれ農業生産基盤が存続していること自体に価値があり、農業は多様な価値・機能を有していることからこれを尊重し、地域性を活かし差別化していくところに活路を見出していくしかない。

食の変化による生産基盤の弱体化

農業は自然条件、地理的条件に大きく規定される風土産業であり、長時間をかけてここで生産基盤を築き、食文化を形成し、また消費者の胃袋を満たし健康をも維持してきた。グローバル化、農産物貿易の自由化が、パン食、肉食、油脂類・砂糖類の摂取の増加をはかるべく食を変化させることによって、アメリカは日本への農産物輸出拡大をはかり、日本の農業生産基盤の弱体化を導いてきた。

こうした流れを変えて日本農業の生産基盤を維持し、食料安全保障を確保していくためには、食の多様化を尊重しつつも、わが国の食文化を基本に、この自然条件・地理的条件、風土を活かした農業、アジアモンスーン気候に適応した農業を展開していくことが必要である。食料安全保障が揺らいでいる今だからこそ、こうした基本論議が求められるのであり、こうした論議が対象とされてこそ基本法見直しの意義もあるというものであろう。

ここで、これまで拙著『日本農業のグランドデザイン』であげた、活かしていくべきわが国農業の環境・条件と特徴を繰り返しておくと次のとおりとなる。

①変化に富む自然条件
②きわめて高い技術水準
③食文化・景観
④所得水準等の高い消費者の存在
⑤都市と農村との短い時間距離

２００４年に発行したもので、その後20年近くが経過しており、④については経済停滞が長く続いて所得水準は相対的に低下しているが、見栄えや品質などについての厳しい消費者性向に基本的な変化はない。③の食文化は米の消費量が低下し肉食・油脂類の摂取割合が増加して日本型食生活が揺らいでいることは確かであるが、一方で豊富な魚介類や多様な農産物を利用してのすし、てんぷら、鍋料理などの伝統的な料理はしっかりと残され、インバウンド（海外から日本に来る観光客）にとっても大きな魅力ともなっている。

こうした多様な農産物が生産される背景にあるのが①の変化に富む自然条件である。北海道から沖縄まで南北に細長く、亜寒帯から亜熱帯にまで及び気温差が大きいとともに、日本海側と太平洋側とで特に冬の天候は大きく異なる。

また、全体に平地が少なく起伏が多いことから中山間地域が多く、また、いくつもの盆地が形成され、山を隔て盆地が変わると異なった地域農業が展開されてきた。大面積で単一作物をつくるところに経済性は確保されることになるが、日本は小面積でおのずと差別化された多様な作物が生産される。これを弱点と見るのではなく、むしろこれを活かしていくところにアドバンテージは生み出される。

森―里―川―海の循環

日本は国土面積が狭小であるだけでなく、新幹線等の鉄道、飛行機、高速道路網などが整備されており、かなりの遠方であっても大抵のところには半日もあれば到着することが可能である。

⑤にあるように都市農業、都市近郊農業は物理的に距離は近いが、中山間地域も時間距離は短いなど、都市と農村との移動は容易であり、生産者と消費者との交流や二地域居住などにとって好条件にあるといえる。半日、一日、車を運転しても風景が変わらない大陸と違って、おおむね一、二時間もあれば都市から農村まで移動が可能なのが日本なのである。

日本で農産物生産を可能にするだけでなく、食味の良い農産物をもたらす大きな要因が水である。おいしくてきれいな水は農産物を育て、酒を醸し、食文化をもたらしてきた。この水をもたらしているのが豊富な森の存在である。まさに森―里―川―海の循環も森が出発点であり、森があってこその話であり、この循環を活かした暮らしが里山となり、日本

変化に富む自然条件下で、田んぼをベースに地域農業を展開（鹿児島県霧島市）

ならではの景観をもつくりあげてきた。

加えて欠かせないのが、②の柱となる篤農家の存在である。既に「篤農家」という言葉自体は死語と化しつつあることも確かであるが、職人気質でこだわりを持って農業に打ち込んできた先人たちの伝承技術や百姓魂はまだかろうじて残されている。

政策は担い手不足をテコにスマート農業、ＡＩ（人工知能）農業の推進に懸命であるが、労働の負荷軽減をはかることは必要であるものの、スマホのデータ以上に、経験と勘、五感を総動員し、こだわりの技術を活かした農業こそがおもしろく、農業の喜びを体感することを可能にし、次の世代を育てていく思いにもつながる。まだ地域には少ないながらも篤農家は残る。経験と勘も含めた技術を受け継ぎ、これを活かしていけるかどうかの分岐点に現在はある。

こうして農業についての視点を変えれば、日本農業の持つ潜在力にはなかなかのものがある。経済性だけの単眼的思考から離れた時に、日本は一定の自給度をベースに差別化で勝負できる農業国となる可能性を秘めていると考えられる。その柱となるのが水田農業と家畜の放牧、伝統野菜や果樹である。

半世紀を経過した減反問題

米消費量の減少にともない、米の余剰＝水田の余剰圧力はさらに強まっている。1971年から本格的に展開されてきた減反政策は2018年に廃止されたが、減反が不要となって廃止されたわけではない。民主党時代に減反とセットで戸別所得補償政策を導入することによって米の需給均衡をはかってきたのであるが、第二次安倍政権の発足にともない、高齢化による生産者の減少による米生産縮小への期待と、減反政策は農業の成長産業化を妨げるものであるとして、戸別所得補償政策を廃止し、米の生産調整・減反の廃止に踏み切った。

しかしながら減反廃止とはいえ、要は生産数量目標の配分を取り止め、民間主導の生産調整への移行と称して、「産地や農家が自主的に判断し、需要に見合った米を生産」すべきであるとして、行政と農業団体でつくる農業再生協議会に生産数量目標に代わる「生産の目安」を設定させることにしたもので、政府は減反政策から体よく逃げ出したようにも見える。

廃止された戸別所得補償制度に代わって、飼料用米、麦、大豆などへの転作に対して支払われる「水田活用の直接支払い交付金」と、農業の多面的機能の維持・発展のための地域活動や営農活動に対して支援する「日本型直接支払い交付金制度」が設けられた。その後の経過は先に述べてきたとおりで、米の需給均衡とは程遠く、逆にますます余剰感を募らせている状況にある。

この減反問題はわが国の最大の農業問題であり、既に開始して半世紀を経過したものの、依然としてこれに関係するすべての人の頭と心を悩ませ続けている。こうした構造を変化させる一つとして、筆者は98年に水田を利用しての畜肉政策ということで、水田での飼料用米・イネ生産による飼料の自給度向上について提言を行い、国会での論議を通じて政策にも取り入れられることになって徐々に増加し、２０２２年（令和４年）産で14・２万haと、水稲作付面積１５５万haの９・２％、一割弱を占めるようにはなった。

しかしながら、いかんせん飼料用米などと輸入飼料穀物の価格差は大きいことから財政負担も大きく、むしろ米対策、米価調整対策として活用されてきた面が強く、余剰化した水田を活用しての飼料も含めた畜産物の本格的な自給化をはかるには力不足で、水田の一定面積割合の活用にとどまっているのが現状である。余剰水田の有効利用と食料自給率の向上とをいかに結びつけていくか、今も大きな課題として残されている。

親子の田植え体験（山梨県甲州市）

水田は〝日本の宝〟

われわれの祖先は、狩猟・採集・漁撈を主にしながら、森林を焼き払っての半栽培・農耕を広げて畑（畠）作のウェイトを徐々に高めてきた。縄文時代後期後半には大麦、ヒエ、アワ、キビなどとともに米の栽培も行われていたことは確実視されている。

しかしながら、そのイネは畑で栽培されていたとされる。それが紀元前９世紀頃になって水田稲作が朝鮮半島から北九州に伝わり、この水田稲作は時間をかけながら日本列島に広がり、弥生時代前期後半には青森県弘前市付近でも水田稲作が行われるようになったものと見られている。

ところが水田稲作が広がったとはいっても、弥生時代は水田稲作と畑稲作は地形・環境に応じて分業化し、併存していたと見られており、畑稲作の土台の上に水田稲作が開始され広がっていったものと理解されている。すなわち一挙に畑稲作から水田稲作に転換したのではなく、水田稲作が伝わってから約3000年をかけて、灌漑システムの構築・整備を重ねつつ、多大の労働力を積み上げることによって、畑稲作から水田稲作にシフトしながら、現在の水田農業は形成されてきたものなのである。

米は生産性や栄養、食味、保存性に優れているが、その特性をより引き出すものとして水田稲作が導入され、広がってきた。水田稲作の栽培には豊富な水が必要であるが、湿潤温暖なアジアモンスーン地帯にあって降水量は多く、また四季があるとともに、高低差が大きくて寒暖差も大きい日本にとって、まさに水田稲作は適地適作であった。この水田稲作は灌漑システムがあってこそ可能となるが、日本の持つ治水技術・土木技術の活用をはかるとともに、水を確保し安定化させるために木を植え、森をつくってきた。

ここで参考までに触れておけば、日本列島での水田をはじめとする耕地開発は、古代の条里制施行期、戦国から江戸時代前期、明治30年代の三つの画期を持つとされる。条里制は、古代律令政権が土地を掌握し、班田制をすすめるために土地を一町（約109m）四方の碁盤の目状に区画し、水路、道路、溜池などを合わせて整備させた地域開発計画である。これを可能にしたのが巨大古墳の造成にともなって発達した土木・治水技術の活用であったことが指摘されている。

また、戦国時代から江戸前期にかけての「新田開発」は、戦国時代に発達した築城技術、鉱山技術、治水技術などを活用して新田を広げていったものである。そして明治に入っての耕地開発はオランダ人技術者を招聘することによって、低水工事の先進技術の導入をはかって行われたものである。

このようにわが国の気候、地理的条件などを活かし、進展する治水・土木技術を活用しながら、３００年かけて灌漑システムを進展させ、水田を広げてきたものであり、そのために多大の労力を注ぎ込み、積み上げてきたもので、まさに水田は〝労働の結晶〟であると同時に、祖先から受け継いできた〝日本の宝〟であるといえる。

治水・土木技術を活用して水田稲作が実現（鹿児島県霧島市）

その水田とこのための灌漑システムは、水の循環とその安定化に大きな役割を発揮することによって、国土の保全とも一体化しており、これが、まさに水田稲作が発揮する多面的機能の実態でもある。国土安全保障上からも水田稲作はきわめて大きな役割を発揮しており、後世のためにも絶やすことは許されない貴重な財産なのである。

失われた米生産の喜びと誇り

この〝労働の結晶〟であり〝日本の宝〟である水田が、面積の減少とともに耕作放棄化がすすんでいる。米は輸入物、小麦と代替可能な単なる経済財としか見られなくなりつつある。これにともない生産者の米の収穫や豊作の喜び、米づくりにかけてきた情熱と誇りは失われつつある。そして今、食の多様化にともない、畑作への転換が叫ばれている。

水田の畑地への転換は、現状の多様化した食生活を前提にすれば、確かに自給率を向上させ、食料安全保障を確保していくために必要な措置であることは理解される。しかしながら、あまりにも安易に水田から畑地への転換が語られているように感じられてならない。それほどまでに食の多様化は重視されなければならないのか。

先に述べたように不測の事態に対応して自給可能である米の位置づけを明確にし、一定程度の水田を維持していくことは当然であるが、お米は、ご飯は日本人のソウルフードであり、文化の土台でもある。田植えや虫追い、収穫などの作業時期に合わせて祭事・神事が行われ、特に秋祭りは最大の催しであり楽しみでもあった。正月だけでなくお祝い事があるたびにお米を蒸して餅つきが行われ、お米を原料にお酒を醸して神前に捧げたうえでいただいてきた。そして水田の景観は、日本人の誰もが抱いている日本の原風景をもなしてきた。

さらに、お米は当然のことながら日本人の体質・健康と一体的な存在でもある。１９７７年にアメリカで出されたマクガバン・レポートの話はあまりに有名である。

これはマクガバン上院議員が、２年間の調査結果をもとに、アメリカ人の生活習慣病、肥満の原因はアメリカ人の食生活に問題があることを指摘したものである。脂肪分や糖分を摂取し過ぎているとして、伝統的な日本食を取り上げ、これを参考に食生活を改善していくことを提案している。

その日本型食生活が海外で評価されながらも、日本では食の洋風化がすすみ、脂質や糖分を多く摂取することによって生活習慣病を多発し、肥満の増加を招いてきた。

日本人の食嗜好は大きく変化してきたわけであるが、食の多様化は変えられない必然の流れであると受け止めるだけではなく、その基本にご飯を中心とする伝統食を据える。そして、一定面積の水田を維持していくことが食料安全保障、農村の維持、国土安全保障のためにも欠かせないことを踏まえながら食料・農業・農村基本法の見直し議論を展開していくことが必要であると考える。

地域資源を生かしての多様な畜産構造を

いつも不思議に思うというか違和感を禁じえないのが、農政における畜産の扱い、位置づけである。

有畜複合経営で牛を飼育（埼玉県小川町）

農政審議会検証部会での基本法の見直しにともない、食料安全保障に関連して飼料穀物の需給が大きな論点とされながらも畜産の生産・構造についての議論はほとんどなされていない。また、みどりの食料システム戦略においても畜産は除外、別扱いされている。耕畜連携が叫ばれ、飼料穀物の自給率向上を目指して水田の畑作化が強力に推進されようとしているにもかかわらず、である。

食料安全保障の大きなカギを握るのは飼料穀物であるが、そもそも日本の畜産は舎飼いにし、かつ穀物を多給することによる肉質の確保に重点が置かれてきた。すなわち牛の場合、肉質は脂肪交雑、肉の色沢、肉のしまり・きめ、脂肪の色沢と質によって等級が決められるが、脂肪にかなりの重点が置かれて評価されてきた。本来、牛は草食動物であり、放牧が基本的な飼育方法であるといえるが、日本では独自の飼育方法、生産構造が形成されてきた。

この畜産構造を前提にして水田を活用しての飼料用米や飼料用イネも一定の広がりを見せてはきたが、わが国にも草地はあり、また耕作放棄地、河川敷、林地の下草など、家畜の飼料となりえる草地資源・地域資源はある。輸入穀物飼料に依存する肉質重視型の集約的な畜産だけでなく、地域資源を生かした粗放型の畜産も含めて、多様な生産構造があって当然であり、ないほうが不思議である。

地域資源の活用はきわめて不十分であり、放牧、山地酪農、林間放牧などが、各地に広がってしかるべきである。また、わが国の場合、一口に山間部とは言ってもけっこう急な傾斜地が多いことも確かである。急傾斜地については牛ではなく、豚やヤギなどの中小家畜を放牧の対象にすることも可能である。

このところ肉質基準の見直しや放牧を評価する動きも出てはきているが、その動きは緩慢であると同時にまだまだ本格的なものとはなっていない。EU（欧州連合）を中心にアニマルウェルフェア・家畜福祉の動きは強まっており、また経済性にも優れる放牧を拡大していくことが必要であるばかりでなく、放牧により生物の多様性が促進されるとともに景観の向上につながり、鳥獣害被害の抑制をもたらす。

まさに耕畜連携による地域循環の創出に加え、地域資源の活用、さらには景観保全や鳥獣害対策なども含めて農政と畜政を一体化してグランドデザインを構築していくべき時代に突入している。

第3章

Agro-Society

持続性と地域循環、そして自然循環

誰がやるのか？

2021年5月に農林水産省はみどりの食料システム戦略（以下、みどり戦略）を決定した。地球温暖化、気候変動対策をねらいに打ち出されたもので、副題を「食料・農林水産業の生産力向上と持続性の両立をイノベーションで実現」とし、「持続可能な食料システムの構築に向け、中長期的な観点から、調達、生産、加工流通、消費の各段階の取組とカーボンニュートラル等の環境負荷軽減のイノベーションを推進する」としている。

そして2050年までに目指す姿として、①農林水産業のCO_2（二酸化炭素）ゼロエミッション化の実現、②化学農薬の使用量（リスク換算）の50％低減、②化学肥料の使用量の30％低減、③有機農業の取り組み面積の割合を25％（100万ha）に拡大、④（2030年までに）食品製造業の労働生産性を最低3割向上、⑤（2030年までに）食品企業における持続可能性に配慮した輸入原材料調達の実現、⑥エリートツリー等を林業用苗木の9割以上に拡大、⑦ニホンウナギ、クロマグロなどの養殖において人工種苗比率100％を実現、が掲げられている。

2020年の4月から新たな基本計画がスタートしているが、ここではこうした環境問題、持続性確保についての問題意識は希薄である。それが翌年にはみどり戦略が飛び出してきたのだから、驚かないほうがおかしい。筆者がこうした動きを知ったのは2020年11月の持続可能な農業を創る会で農水省と行った勉強会の席上であるが、これまで環境問題などに消極的であった農水省が〝変節〟せざるをえないほどに国際的な環境が変わりつつあるということでもある。

みどり戦略策定に向けて決定的なインパクトを与えたと考えられるのは、EU（欧州連合）が2020年5月に発表した「Farm to Fork」戦略である。ここでEUは2030年までに化学農薬の使用およびリスクの50％減、有機農業面積比率25％などを打ち出しているが、その背景にあるのが気候変動であり、加速度をつけて進行する温暖化である。

　2015年12月に合意したパリ協定での「世界の平均気温の上昇を産業革命以前に比べて2℃より十分低く保ち、1・5℃に抑える努力をする」「そのため、できるかぎり早く世界の温室効果ガス排出量をピークアウトし、21世紀後半には、温室効果ガス排出量と（森林などによる）吸収量のバランスをとる」という長期目標を無視することは許されない状況にきており、これへの早期の対応をつうじてEUは国際的な影響力を確保していくところにねらいはあると見る。こうした動き、流れを無視することはできない、というのがみどり戦略を策定した農水省の本音ではないかと推察する。

　しかしながら、これまで環境問題や持続性確保について〝軽視〟を続けてきたものが一転してのみどり戦略であり、有機農業取り組み面積割合0・6％の現状に対して、2050年までの長期目標とはいえ、25％という数字は現状からはあまりにもかけ離れた数字で、「こんなことができるわけがない」という声も多く、「農水省が自分で有機農業をやるのか」という皮肉たっぷりの声も聞こえてくる。

農業は環境にやさしくないのか

　みどり戦略はカーボンニュートラル（温室効果ガスの排出量と吸収量を均衡させること）を目指しており、そのために化学農薬の50％低減、化学肥料の30％低減、有機農業面積割合25％などの目標を掲げているが、そもそも農業はどの程度のCO_2をはじめとする温室効果ガスを排出しているのであろうか。

　農水省ホームページによれば、世界の温室効果ガスの排出量は490億t（CO_2換算）で、このうち農業・林業・その他土地利用からの排出量は24％（2010年）を占めているとされる。

　これに対して日本の農林水産分野でのCO_2に換算しての温室効果ガスの排出量は4747万tで日本全体での排出量12・12億tの3・9％（2019

年度）となっている。ＧＤＰ（国内総生産）に占める農林水産分野の割合は1％で、これと比較すれば排出割合は高く、「農業は大きな排出源」「農業は環境にやさしくない」とも言われてもやむをえない数値ではある。排出源別に温室効果ガス排出量を見ると、燃料燃焼１５７０万ｔ（構成比33・1％）、家畜の消化管内発酵７５６万ｔ（同15・9％）、家畜排泄物管理６０２万ｔ（同12・7％）、稲作１１９５万ｔ（同25・1％）、農用地の土壌５５８万ｔ（同11・8％）、石灰・尿素施肥49万ｔ（同1・0％）となっている。

　家畜の消化管内発酵と家畜排泄物管理を合計した家畜からの排出量の構成比は28・6％となり、主な排出源は燃料燃焼、家畜、そして稲作の三つで、その合計は86・8％と9割弱を占めることになる。

　この主な排出源からの排出を抑制していくことが求められることになるが、燃料燃焼の中身となる農機具運転や農産物の運搬・流通、施設園芸などでの省エネ化や自然エネルギーによる代替などが課題となる。稲作については水田が発生するCH_4（メタンガス）を抑制することが求められることになるが、水田から水を抜き乾燥させて水分調整を行う中干しの期間を延長することが必要とされ、どの程度まで中干し期間を延長することができるのか試験・実験が重ねられてもいる。こうした中干し期間の延長については、生物多様性を損なうことになるとの懸念も出されており、これを無視することはできない時代になりつつあることも確かだ。

　そして家畜からの消化管内発酵、すなわちゲップやおならは生理的なものであって、これを止めることは基本的に不可能であるが、これを減らすために活性炭や海藻、柿の皮などを飼料添加物として利用する研究開発・実証が活発化していることが報道されてもいる。

　また、排泄物管理、すなわち糞尿の処理についてもバイオマスなどで一部の利用が可能となってはいるが、環境汚染を防止していくのが精一杯というのが実情である。ＥＵでは牛肉を食べることを止める運動や代替肉へシフトする動きもあるが、畜産そのものを否定するものであり、現実的な運動、対応とは言い難い。

カーボンニュートラルとゼロエミッション

ここで踏まえておきたいのが、カーボンニュートラルとゼロエミッション（廃棄物ゼロを目指して提唱された環境保護構想）の違いだ。

カーボンニュートラルは温室効果ガスの排出と吸収でプラス、マイナス0にしていくもので、排出の抑制はあっても排出0を求めるものではない。これに対してゼロエミッションは排出自体を0にしていこうとするもので、そうした努力は尊重されてしかるべきではあるが、畜産や稲作ではなじまない。カーボンニュートラルを基本に考えていくことが必要であろう。

改めてカーボンニュートラルの視点から農業、農林水産分野でのCO_2排出・循環について考えてみれば、植物である農産物、森林は光合成を行っており、光エネルギーを利用して無機炭素から有機化合物を合成し、その過程で水が分解されて酸素が放出される。したがって昼間は二酸化炭素（CO_2）が吸収されて酸素を排出し、夜間は二酸化炭素を放出するが、トータルではCO_2の吸収量がまさる。

特に森林は国土面積の3分の2を占めていることから吸収量は多く、農林水産分野全体としてはCO_2の吸収に貢献しているのであり、「農業は大きな排出源」となっていることは事実ではあるが、「農業は環境にやさしくない」とは言い切れない。むしろ気候変動対策という面からすれば、みどり戦略の最大の柱は「みどりを増やしていく」ところに置いてしかるべきだということになる。

また、みどり戦略では化学農薬や化学肥料の使用量低減、そして有機農業面積の大々的な拡大が目標として掲げられている。化学肥料の製造が大量のエネルギーを使用することは確かであり、有機農業はCO_2、炭素の貯留効果が高いことが明らかにされており、化学農薬使用にともなう生物多様性の喪失、化学肥料使用にともなう炭素貯留能力の低下なども加えて農業の持続性が危うくなっているところに有機農業に光が当てられている理由がある。

言い換えれば気候変動対策を入り口として、直接的なCO_2の排出抑制をはかりつつ、これに連動させながらも、むしろ農業の持続性確保に重点を置いたのがみどり戦略であるといえる。世界的に気候変動、地球温暖化にともなう干ばつや豪雨などの増加も絡んで食料安全保障の基盤は揺らいでいる。食料安全保障という観点から持続性がキーワードとなってきており、みどり戦略は食料安全保障確立のための重要な柱ともなっているということができる。

プラネタリー・バウンダリーが示す地球の限界

気候変動と生物多様性の喪失

温暖化は地球全体を巻き込んでの現象であるが、猛暑日が増えてエアコンなしに夏を過ごすことが難しくなり、また豪雨が頻発するなど雨の降り方が変わってきているなど、われわれも体で温暖化を実感する機会は増大しており、気候変動への関心は高い。また、身近でトンボやカエルをはじめとする昆虫やスズメなどの鳥など、生き物が減少していることを肌で感じており、生物多様性の喪失についての認識も強まっている。

ところで、環境学者ヨハン・ロックストロームの研究チームは「経済発展や技術開発により、人間の生活は物質的には豊かで便利なものになった一方で、人類が豊かに生存し続けるための基盤となる地球環境は限界に達しつつある」として「プラネタリー・バウンダリー（地球の限界）」なる概念を2009年に提唱しており、そこでは九つの指標があげられている。

図3‐1がそれで、①生物圏の一体性（生態系と生物多様性の破壊）、②気候変動、③海洋酸性化、④土地利用変化、⑤持続可能でない淡水利用、⑥生物地球化学的循環の妨げ（窒素とリンの生物圏への流入）、⑦大気エアゾルの負荷、⑧新規化学物質による汚染、⑨成層圏オゾンの破壊、である。気候変動や生物多様性の喪失にとどまらず、ほかに七つの

図 3-1　地球の限界（プラネタリー・バウンダリー）

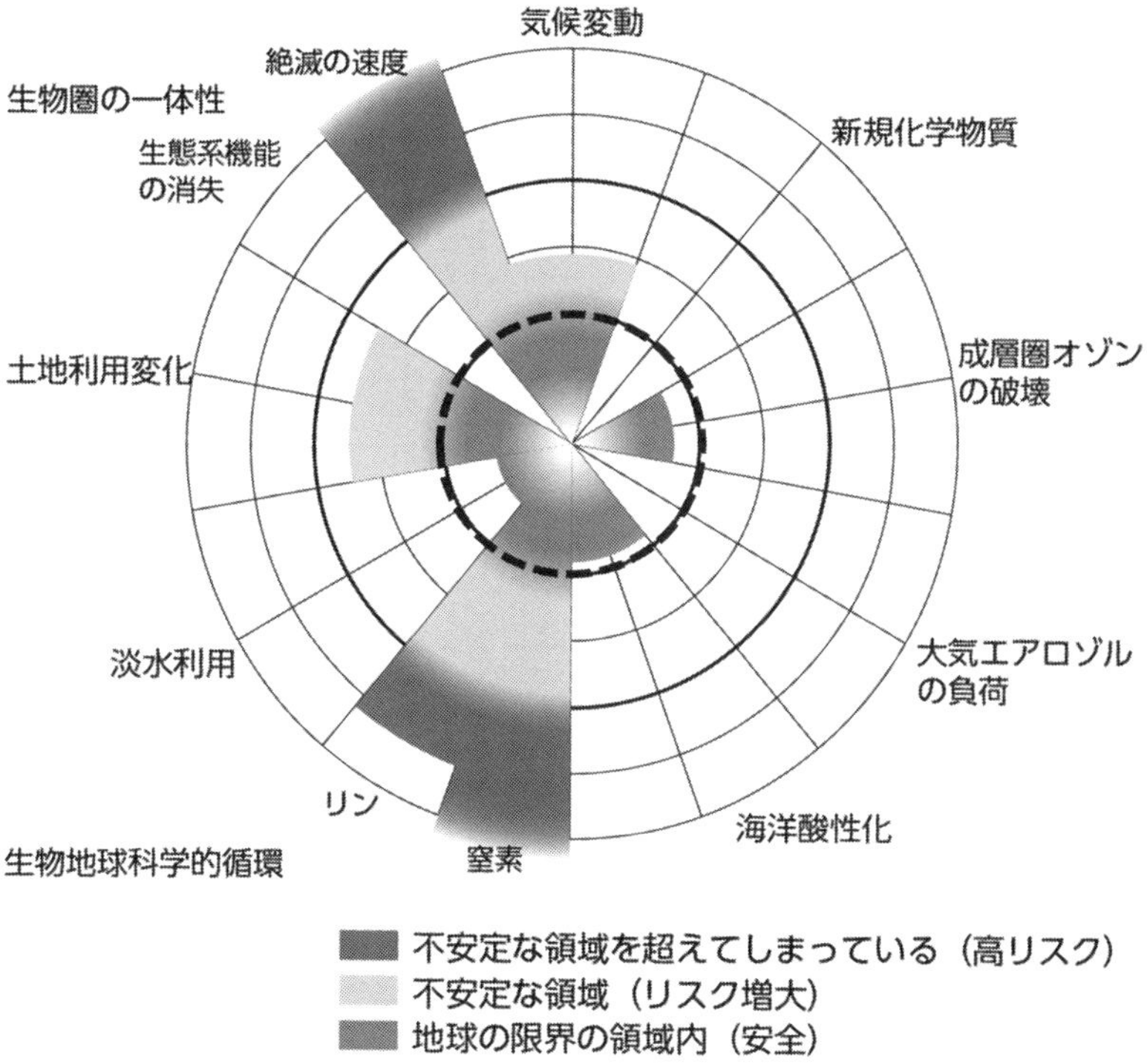

資料：Will Steffen et al.「Planetary boundaries :Guiding humandevelopment on a changing planet」より環境省作成

危機を抱えていることを明らかにしている。

気候、水環境、生態系などが持つレジリエンス（回復力）の限界を超え、不可逆的な破壊的変化が起こり、元に戻ることが困難になるティッピング・ポイント（臨界点）が迫っているとして早急なる対策を求めている。

注目度の高い気候変動については、ティッピング・ポイントを目前にしながらもまだ超えていない段階にあるとして、緊急かつ効果のある対策を呼び掛けているものであるが、生物多様性やリン、窒素については既にティッピング・ポイントを超えているとしている。

窒素とリンについては、カリも加えて肥料の三大要素とされているように農業と深く関わりを持つ。窒素は大気の約8割を占めており大量に存在するが、常温では非常に安定しており、化学的には不活性で他の元素と化合しないことから、基本的には植物も動物もそのままでは大気中の窒素ガスを栄養源として利用することはできないとされ、窒素を取り込むことができるのは土壌中にいる根粒菌などの一部の微生物に限られている。

　この根粒菌が大気中の窒素をアンモニウムイオン（NH_4^+）や硝酸イオン（NO_3^-）の窒素化合物に変換し、これがアミノ酸やタンパク質を形成し、さらにこれが植物となって動物が摂取する。こうして動物は窒素を体内に取り入れ、排泄物として、またいずれは死骸となって土壌に還元され、土壌微生物によって再び窒素化合物に変換されるとともに、一部は窒素ガスとして大気中に戻される。

窒素循環の崩壊の危機

　こうした窒素循環によって生態系の中での窒素の収支バランスは保たれ、安定的に推移してきた。

　ところが1913年にハーバー・ボッシュ法と呼ばれる、高温で窒素（N_2）と水素（H_2）を反応させて窒素化合物であるアンモニアを生成する工業的製法が確立され、大気中に無尽蔵にある窒素を利用しての肥料原料となるアンモニアの製造が可能となった。

　これにリンやカリをも加えた化学肥料が大量に利用・投入されるようになるとともに、飼料穀物をはじめとする窒素肥料を吸収してタンパク質を合成した農畜産物が輸出入されることによって窒素循環が崩れてきたものである。

　地下水に硝酸イオンが蓄積し、飲み水や農産物を摂取することによって乳児の肌が青くなるいわゆるブルーベビー症候群を発生するだけでなく、リンとともに赤潮の原因ともなっている。化学肥料、特にアンモニアの製造は大量の化石燃料を使用することから気候変動に大きな影響を与えていることが指摘されているが、これにとどまらず窒素循環そのものが崩れてしまっており、窒素循環を取り戻すことは不可能なレベルにまで既に来ていることをプラネタリー・バウンダリーは示している。

また、リンについても、化学肥料として過剰投入されていることから、海や湖に流れ込んで富栄養化をもたらし、水域の表層にいる植物性プランクトンの活動を活発化し大量発生させることによって水中の酸素が消費されて赤潮を発生させ、魚の大量死をもたらしている。

リンはカリとともに、リン鉱石、カリウム鉱石という自然界に由来する物質を原料としていることから、その原料の枯渇が大問題となっている。原料の枯渇にともない、輸入国を分散するなどにより原料確保に注力していくことは必要であるが、基本的にはその循環を取り戻していくことが強く求められている。窒素循環が崩壊していることについての問題意識、危機意識はきわめて希薄であることから、まずはこれを喚起していくところを出発点としていかなければならない。

下水汚泥からのリンの回収や堆肥利用の拡大をはじめとして、リンの循環を促進・拡大させ、身近なところから具体策を地道に積み上げていくことが一丁目一番地となる。

失われた30年

気候変動は最大の問題として位置づけられているといって差し支えなかろうが、プラネタリー・バウンダリーに見るように、地球は多くの危機に直面していると同時に、それらの危機は互いに関連・関係しており〝複合危機〟とも呼ぶべき状況にあるといえる。

プラネタリー・バウンダリーが提唱されたのは２００９年のことであるが、それ以前からこうした危機の存在は明らかにされてきた。

リオ宣言の流れと最大の争点の農業問題

その口火となったのが、１９７２年にローマクラブによって出された『成長の限界』である。その後、日本でも75年の有吉佐和子著『複合汚染』がベストセラーになるなど、環境問題を重視する大きなうねりが形成され、その結節点となったのが92年にブラジルで開かれた国連環境開発会議、いわゆる地球環境サミットの開催である。

ここで「環境と開発に関するリオ宣言」が採択され、その中で27の原則がうたわれているが、この宣言を確実に履行していくために、同じ国連環境開発会議の場で「気候変動枠組条約」「生物多様性条約」「森林原則声明」「アジェンダ21」も採択された。

こうした流れと併行して、貿易の自由化と多角的貿易の推進をはかるため、86年からガット（関税貿易一般協定）ウルグアイ・ラウンド交渉が続けられてきた。

本交渉で最大の争点となったのが農業問題であり、ＥＵ（当時ＥＣ）の農産物の価格支持政策と輸出補助金が問題視されていた。このＥＵによる保護政策によりアメリカの農産物輸出が阻害されているとして、ＥＵにこれら保護政策の撤廃を求めたものである。アメリカとの合意を得るためにＥＵがここで持ち出してきたのが、農産物価格支持政策と輸出補助金を撤廃する見返りとしての直接所得補償の導入であった。農産物貿易の自由化によって減少する所得を、直接支払いによって補填するというものである。

この背景にＥＵは過剰生産問題を抱えていたのであるが、この直接支払いを行うにあたってリオ宣言などの流れを巧みに使って環境負荷低減への取り組みを条件化し、これによって生産抑制をも可能にしようとするものであった。

新政策は規模拡大・効率化に偏重

こうしたＥＵの対応、動向に日本政府も注視してきたところであり、93年にガットウルグアイ・ラウンドは合意を見ているが、合意に先立って92年、交渉の流れも踏まえて「新しい食料・農業・農村政策」、いわゆる「新政策」を打ち出した。

新政策では、効率的・安定的経営体育成、市場原理の一層の導入をはかる一方で、環境保全型農業の推進も位置づけられることになった。

わが国で有機農業の推進に向けての組織的活動は71年に一楽照雄などによって立ち上げられた有機農業研究会が最初であり、生産者と消費者との交流に

有機稲作の水田にサギが飛来（栃木県野木町）

よる産消提携が、そして生協などでの有機農産物の取り扱いなども行われるようになり、87年の農業白書では有機農業の紹介が行われるなど、有機農業は〝点〟的ではあるものの各地で取り組みは広がってきた。

92年の新政策が目指すところは99年に成立した食料・農業・農村基本法に引き継がれ、あわせて持続農業法が施行されることによって、環境保全型農業の推進、拡大が期待された。２００１年には有機認証制度が発足するとともに、05年にはこれを受けてＪＡＳ法が改正され、さらに06年には有機農業推進法が成立している。

このように有機農業を含む環境保全型農業を推進していくための法整備などは行われてきたわけであるが、農政の実態は規模拡大・効率化に偏重したものでしかなく、有機農業をも含めた環境保全型農業は〝継子《ままこ》扱い〟が続けられてきた。

有機農業面積比率の停滞

それが21年にみどりの食料システム戦略が打ち出

されたことから、唐突感をもって受け止められたのも当然と言っていい。

新政策で環境保全型農業の推進が打ち出された1992年から、みどり戦略が決定した2021年までほぼ30年。この間、日本での有機農業面積比率は0・6％と停滞を続けてきたのであるが、EUは着実に有機農業を中心に環境にやさしい農業への取り組み実践を積み上げ、現状での有機農業面積比率は7％とされるが、Farm to Fork 戦略で2030年を目標に有機農業面積比率として25％を設定している。

EUから30年遅れで改めてスタートする日本は、30年の遅れを10年取り戻して、2050年までに有機農業面積比率25％を目指す。なお、日本をはじめとするアジアモンスーン地帯は高温多湿で雑草や病虫害が多いことから相対的に有機農業は困難であるとされるが、韓国の有機農業面積比率は2・3％に達しており、中国も0・5％と、0・3％の日本を上回っている（いずれも2020年現在。認証ベース）。

欠落した自然循環機能

わが国の有機農業を含む環境保全型農業への取り組みは遅々としてすすまなかったのであるが、持続農業法、有機認証制度の設置とJAS法の改正、有機農業推進法の成立など、環境保全型農業推進のための法整備はそれなりに手当てされてきた。食料・農業・農村基本法でも基本理念として第4条で農業の持続的な発展、また基本的施策として第32条で自然循環機能の維持増進が置かれている。

現行基本法、有機農業推進法の理念

これを具体的に見てみれば、第4条では農業の持続的な発展として「その有する食料その他の農産物の供給の機能及び多面的機能の重要性にかんがみ、必要な農地、農業用水その他の農業資源及び農業の担い手が確保され、地域の特性に応じてこれらが効率的に組み合わされた望ましい農業構造が確立され

るとともに、農業の自然循環機能（農業生産活動が自然界における生物を介在する物質の循環に依存し、かつ、これを促進する機能をいう。以下同じ）が維持増進されることにより、その持続的な発展が図られなければならない」とされている。

第32条の自然循環機能の維持増進では「国は、農業の自然循環機能の維持増進を図るため、農薬及び肥料の適正な使用の確保、家畜排せつ物等の有効利用による地力の増進その他必要な施策を講ずるものとする」とされている。

このように第４条で自然循環機能についいては括弧書きで「農業生産活動が自然界における生物を介在する物質の循環に依存し、かつ、これを促進する機能をいう」としてわざわざ説明を付している。農業構造とともに自然循環機能が農業の持続的な発展に不可欠の機能であることを特記しており、農業は地上部分のみならず地下部分の微生物や小動物なども含めた生物が介在する物質の循環に依存し、かつ、これを促進する機能を有しており、これを維持増進すべきことを強調している。

そして第32条では農業の自然循環機能の維持増進をはかるためには、農薬・肥料の適正な使用と同時に、家畜排泄物などの有効利用、すなわち堆肥などを活用して地力を増進させることが必要であり、これら必要な施策を講ずるものとしている。まさに微生物の役割の重要性とともに、堆肥などを活用しての地力の増進をうたうなど、基本法は農業の持続性についてのしっかりとした認識を持って書かれているものと理解されるのである。

その具体的な推進をはかるものとして06年に有機農業推進法が成立しているが、第３条の基本理念では、その第１項で「有機農業の推進は、農業の持続的な発展及び環境と調和のとれた農業生産の確保が重要であり、有機農業が農業の自然循環機能（農業生産活動が自然界における生物を介在する物質の循環に依存し、かつ、これを促進する機能をいう）を大きく増進し、かつ、農業生産に由来する環境への負荷を低減するものであることにかんがみ、農業者が容易にこれに従事することができるようにすることを旨として、行わなければならない」とされており、基本法に合わせて自然循環機能という基軸を共有している。

その自然循環機能を大きく増進し、環境負荷を低減するものとして有機農業が位置づけられており、かつこれを農業者が容易に従事できるようにしていく、すなわち有機農業を広く普及させ一般化していくことを有機農業推進法の基本理念としているものである。

みどり戦略に出てこない自然循環機能

関連して22年7月に施行されたみどりの食料システム法（以下、みどり法）を見ると、「自然循環機能」は全く出てこない。

第3条の基本理念の第1項は「環境と調和のとれた食料システムは、気候の変動、生物の多様性の低下等、食料システムを取り巻く環境が変化する中で、将来にわたり農林漁業及び食品産業の持続的な発展並びに国民に対する食料の安定供給の確保を図るためには、農林水産物等の生産等の各段階において環境への負荷の低減に取り組むことが重要であることを踏まえ、環境と調和のとれた食料システムに対する農林漁業者、食品産業の事業者、消費者その他の食料システムの関係者の理解の下に、これらの者が連携することにより、その確立が図られなければならない」としており、ここでは環境変化として気候の変動、生物の多様性の低下が明示される一方で、みどり戦略の基本として置かれるべき自然循環には全く触れられていない。

そして、ここで強調されているのは食料の安定供給と、そのための農林漁業者―食品産業の事業者―消費者などのサプライチェーンの確立である。

その第2項では「環境と調和のとれた食料システムの確立に当たっては、環境への負荷の低減と生産性の向上との両立が不可欠であることを踏まえ、その実現に資する技術の研究開発及び活用の推進並びに農林水産物等の円滑な流通の確保が図られなければならない」とされており、生産性の向上が不可欠であり、そのための技術の研究開発の必要性を説いている。

すなわち、みどり戦略では肝心の自然循環機能に

無肥料、無農薬の自然栽培によるナス栽培（富山県氷見市）

ついては意識から脱落しており、「技術の研究開発及び活用の推進」であるイノベーションを重視したものとなっている。このようにみどり法は基本法や有機農業推進法とは発想を大きく異にしたものであると言わざるをえない。

カーボンニュートラル、化学農薬の50％減、化学肥料の30％減、有機農業面積比率25％など、気候変動や生物多様性の低下などの環境変化は、みどり戦略が掲げる目標の実現を不可避のものとして突きつけてはいる。しかしながら、みどり戦略では在来の技術を軽視してイノベーション頼りに偏重し、ゲノム編集などへの大きな期待を前提とするものであり、フランケンシュタイン、「自ら創造したものに滅ぼされる者」になりかねない。

みどり戦略、みどり法の登場によって基本法の見直しをはかっていくのではなく、むしろ基本法の基本理念を共有すべく、みどり戦略、みどり法の中に「自然循環機能」をしっかり据え直していくことこそが必要なのである。

持続性確保は循環づくりから

持続性、持続的とは一体どういうことなのか。農業は太陽と水、そして土と種によって成り立つ。太陽、言い換えれば光があって光合成が可能となるとともに、光を受ける量は地軸の傾きによる四季の変化と天候に左右され、温度もこれにともない変化する。

地球は太陽の惑星であり、太陽の周りを1年で1周し、地軸の傾きが四季の変化をもたらすが、光、温度、風などは自然がもたらすものであって、人間がいかんともしがたいものであり、一方的にこれを受容するしかない。人間の意のままにならないと言えばそのとおりではあるが、人間の意とは関係なしに常に与えられているものであり、恵みと捉えれば、おのずとお天道様への感謝の念がわきだしてくるといえよう。

水も、太陽熱によって海から蒸発した水分が雨となって地上に降り、小さな流れが合流して川となり田んぼを潤して流れ下り、また畑に降った雨は水分を供給し地下水となって流れ出る。山に降った雨は川となって流れ下るが、山がちで起伏の激しい日本ではあっという間に海へと流れ下る。この流れ下る水を活用するためには給水・排水を調節する灌漑工事が必要であり、また洪水や氾濫を防ぐための治水工事も必要とされる。

この灌漑工事、治水工事を進展させながら水田が構築されてきたが、そもそも山を流れ下る川の流れを安定化させ周年にわたって適当な量の水が流れ出るように祖先は田づくりと併行し、木を植えて森を育んできた。そして落ち葉層でろ過されて養分をたっぷり含んだ水は、森―里―川―海と流れ下り、田んぼでの稲作、そして海や川での漁撈を可能にしてきた。

田んぼでの稲作は、畑作とは異なって連作が可能であり、休耕する必要がない。森から流れ出る水が連作を可能にするのであり、まさに田んぼ、水田は持続性の高い農業であるということができるが、これを支えているのが森―里―川―海の循環である。

畑の場合は地力の消耗のため連作が難しく、三圃式農業に見られるように休耕や輪作を取り込むことによって、耕地を夏作物、冬作物、休閑地の三つに区分して農地をグループ化し、これを年、季節などに応じてシステム的に輪作と休耕とを圃場単位で組み合わせローテーションすることによって土地生産性を維持してきた。これが中世ヨーロッパで普及した三圃式による畑作であるが、日本ではこれとはまた異なった畑作も行われてきた。

新田開発に見る循環の形成

これを代表するのが埼玉県三芳町の三富《さんとめ》新田であり、「落ち葉堆肥農法」として世界農業遺産として認定されたが、圃場と農家を一体化させた短冊状の区割りを基本として、道路の手前に家を建ててその周りをケヤキなどの木で囲み、その後ろを畑に、さらに畑の奥を雑木林とした（次頁の**図3-2**）。雑木林から落ちる木の葉を集めて堆肥とし、その堆肥を畑に投入・還元する。おそらくは里山で、家の後背にある山の雑木林から出る落ち葉を堆肥化し、家の前につくった田んぼに投入してきたものを、平地に置き換えて一農場単位、一家族単位でこの森、雑木林から出る落ち葉を堆肥化して畑に投入し循環を形成してきたものと考えている。

この三富新田は川越藩城主であった柳沢吉保によって着手され1696年に開発を完了している。その後、享保の改革の一環として1722年に日本橋に高札が掲げられて開始され、川崎平右衛門を新田世話役に命じることによって開発を成功させた武蔵野新田開発でもその割合は異なるものの、家屋―畑―雑木林を一体とした農場づくりが行われている。

なお、『子ども武蔵野市史』を見ると、1657年の明暦の大火で焼け出された江戸町民が牟礼野《むれの》（今の吉祥寺、西久保、牟礼、連雀に広がる原野）に移住して新田開発を行っているが、（注1）そこでこの家屋―畑―雑木林を一体とした農場づくりを行ったこ

図 3-2　三富新田の地割り

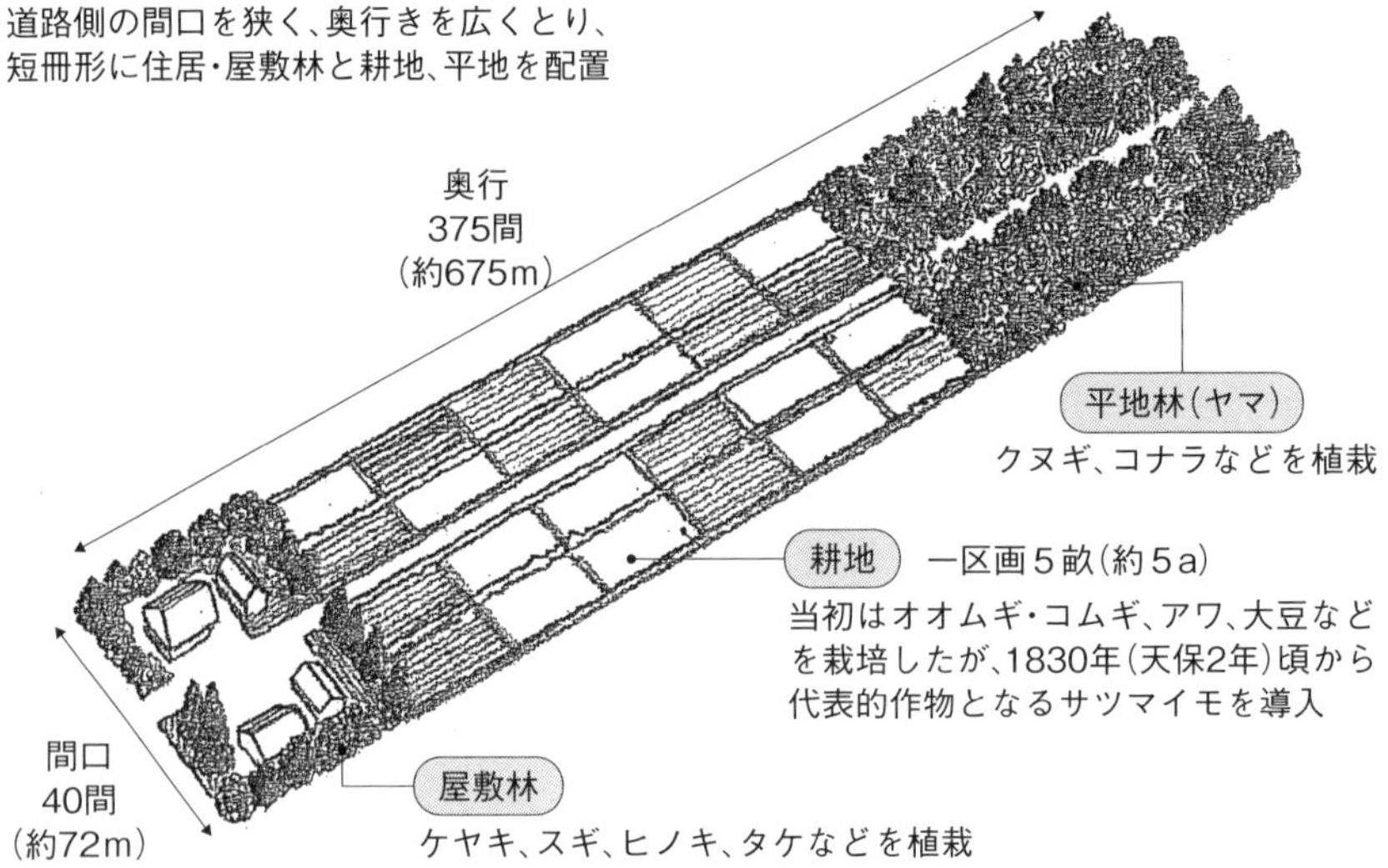

資料：犬井正『人と緑の文化誌』三芳町教育委員会

とが記されている。また『人づくり風土記・埼玉』では、「こうした短冊形の開発新田は多摩郡新町宿（東京都青梅市《おうめし》）や小川村など近世前期の武蔵野で開発された新田に見られるもの」であるとしている。

　萱場《かやば》や秣場《まぐさば》としてしか利用できなかったススキやカヤなどだけの茫々とした原野が広がる武蔵野を切りひらいて畑地化し、畑地と雑木林を一体化することによって落ち葉を堆肥にして循環を形成し持続性を確保してきたわけであるが、同時に雑木林に象徴される「武蔵野の緑」を創出することにもなり、都市化でずいぶんと減少を続けてはいるが、貴重な都市農地と緑を提供している。

　付言しておけば、こうした家屋—畑—雑木林を一体とした農場づくりによる循環とあわせて、江戸近郊の武蔵野地域の農民の多くは生産した農産物を江戸に持って行き、下肥と交換し、もらった下肥を肥料として農地に散布もしており、別の循環をも形成していた。一方、商品経済の進展とともに、干し鰯《か》などの購入肥料をも利用するようになり、増加もしてきた。

（注1）新田開発は田はもちろんであるが、畑も含めて新たに開発した農地全体を対象にする概念である。

「土を育てる」ということ

農業の持続性を確保していくポイントとなるのが循環であり、大小の循環をたくさん形成し、状況に応じてそれらの循環を組み合わせ、大きくしていくことが大事であることを述べてきた。ここまでは言うなれば地上部分の話になる。もう一つの世界、地下部分の循環の世界もあり、地上部分と同様に地下部分での循環もきわめて重要であることは言うまでもない。

アメリカのゲイブ・ブラウンが書いた『土を育てる』なる本がある。この本を下敷きにしてNHKが持続可能な農業へと農業変革がアメリカですすんでいることを取り上げ、あわせて手法は異なるものの基本を同じくする取り組みが日本でも広がっていることを紹介した番組を2023年の初め頃にBSで放送したが、私の周りではこれを見た人たちでけっこうな話題となった。

ゲイブ・ブラウンはアメリカのノースダコタ州で2000haの農場で畜産を営むが、農場経営の危機を乗り越えながら獲得してきた環境再生型農業（リジェネラティブ農業）の普及・推進に東奔西走している。

ゲイブ・ブラウンは牛の放牧とともに飼料作物の生産を一体化させた農業を展開しているが、自らの経験をつうじて「自然は一つの全体として機能する」、すなわち「人、植物、動物、土地が共生関係を結ぶホリスティック（包括的）なコミュニティ」として捉えるに至っている。

そして、これを実現可能にしていく環境再生型農業の基本として土に着目し、健康な土を「育てる」ために「土の健康の5原則」を明らかにしている。

5原則の第Ⅰは土をかき乱さない、第2は土を覆う、第3が多様性を高める、第4が土の中に「生きた根」を保つ、そして第5に動物を組み込む、としている。

詳細は本書をご覧いただきたいが、「土を育てる」の核心に置いているのが土壌を団粒構造にしていくこと、土壌の団粒化であると理解される。土壌は団粒化することによって、その構造が安定し、通気性、水分浸透、保水性が高まり、植物と微生物の関わり合いがうまく機能するようになり、「地上や地中のあらゆる生物が恩恵をうけることになる」としている。

この土の団粒構造をつくっていくために第1原則である不耕起栽培が重要であることを強調している。そして植物と微生物の関わり合いは、植物が光合成によって二酸化炭素から炭素化合物（有機物）をつくり、その一部は液体炭素として根から滲出《しんしゅつ》するが、これが微生物の餌となって、微生物は窒素ガスを固定化してつくったアンモニアとともに、可溶化したミネラルを供給・交換することになる。

この根からの滲出物は植物の多様性が7～8種類に達すると相乗効果が生まれるようになり、多様性によって植物の健康状態や、機能、収量も向上することになるとしており、第3原則などにつながっていくことになる。

ここで注目しておきたい一つは、化学肥料とこれに関連しての土の団粒構造形成についての見方である。化学肥料の投入は、植物が微生物から養分を分けてもらう必要性をなくしてしまうことから、微生物は植物から炭素を受け取れなくなって成長できなくなり、数が減ってしまう。また、化学肥料によって養分は確保できているはずが、化学肥料には限られたタイプの栄養素しか含まれず、植物が必要とするすべての栄養素を提供するわけではない。

本来、必要とされるミネラルは土から微生物、菌根菌によって根をつうじて供給されるとしている。また、根からの滲出液は複雑な天然の糊状物質で、これが団粒に土をまとめる役割を果たすのであるが、化学肥料の投入は土の団粒構造形成を困難にするという。

もう一つ注目したいのが、放牧がアニマルウェルフェア以外に持つ効果についての見解である。動物（牛）が草を食《は》むことで、植物は栄養成長相と言われる発育過程にとどまることから光合成は活発になり、食まない場合よりも多くの炭素が地中に送り込まれることになり、炭素は長く地中に貯留されるとする。

放牧、特に放牧する区画を狭くし牛の密度を高め、草を食い尽くしてから場所を移動させる高密度放牧という放牧方法が、気候変動対策としても有効であるとしており、牛が地球温暖化ガスの排出源の一つであるとの見方に反論を試みている。

循環と共生関係

地下部分、土がきわめて重要な働きをしていくことが遺伝子工学、微生物学の進展とともに詳細がわかるようになり、特に微生物が持つ役割の大きさが見え始めている。これについて独特の視点から整理している農業生物学者明峯哲夫の見解の一部を紹介しておきたい。

植物が植物体を構成していくためにはタンパク質の合成と炭素化合物の合成の二つの過程が必要であるが、植物は光合成によって炭素化合物を合成することはできるが、植物自身はタンパク質を合成するために必要となる窒素固定をすることはできない。植物は外部から窒素を供給してもらうしかなく、窒素固定してアンモニアをつくってくれる微生物、窒素固定菌の存在が不可欠であり、植物は微生物と共生関係を結ぶことによって植物体の構築を可能にしてきた。

これは植物が4億年前に陸上に這い上がってきた際に、貧栄養の中で、窒素固定することができず、根から栄養を吸収する力も弱かったことから、微生物の力を借りるようになったものだとする。

植物は光合成によってつくったグルコース、セルロース、デンプンなどの炭素化合物を根から滲出液として出す。これが微生物の餌となり、微生物はその見返りとして空気中の窒素を固定してアンモニアとして植物に提供する。まさに窒素の循環と炭素の循環をつうじて、植物と微生物との共生関係は成り立ってきたといえる。

これに関連しておもしろく感じたのが、この物質循環を主導しているのは植物であり、植物に主導されながら微生物は働くということである。光合成によってつくられた有機化合物を根から滲出液として出すが、これがスターター、あるいはアクティベーター（活性化や生物学的プロセスを促進する）となって、微生物は動き始めるという。まさに植物と微生物は陰陽の関係にあり、共生関係というのは同じものが関係するのではなく、異なるからこそ、その過不足を補い、補い合うことによってともに生き続けていくことを可能にする。

本来農業への転換を提唱する明峯哲夫。かつて耕す市民として、やぼ耕作団を率いる（東京都日野市）

　地上部分で、地下部分で、また地上部分と地下部分で、小さな様々な循環が幾層にも重なって大きな循環が形成されており、まさに循環は曼荼羅の世界を織りなしている。これらの一つ一つが循環することによって大きな循環も成り立って命なるものは受け継がれていく。まさに循環があってこその持続性であるということができよう。

　そして化学肥料に象徴されるように、外部投入は一時的には生産性を高めることはあっても、循環を阻害することによって持続性を喪失させかねない。外部投入するには、一方でそれに見合った外部排出が必要とされるが、エントロピーは増大しバランスを確保していくことは言うべくして難しい。「低投入」は大事な原理であると考える。

　明峯哲夫は、農業は「長くは4億年、少なくとも1000～2000年かけてつくられてきた薄い表土の恵みを消費する過程」であると語っている。それがゆえに「低投入・持続型農業」という〝本来農業〟への転換を提唱している。

低投入・本来農業への流れ

みどり戦略は、掲げられている目標にあるように、化学農薬と化学肥料の使用量の低減を大きな課題とし、有機農業への取り組み拡大が強調されている。ＥＵが中心になって有機農業が推進されグローバルスタンダード化していることは確かであるが、実態は有機農業にとどまらず国により地域により多様な取り組みが展開されている。

有機農業への取り組み比率は低く環境問題にはあまり熱心ではないとされるアメリカでは、１９８５年にＬＩＳＡ（Low Input Sustainable Agriculture：低投入持続型農業）プログラムが開始されるとともに、「経済・健康および環境に関するリスクを最小にすべく、生物的、耕種的、物理的および化学的手段を組み合わせることにより病虫害などを制御する持続的アプローチ」であるとされるＩＰＭ（Integrated Pest Management: 総合的病害虫管理）への取り組みが浸透している。

環境保全型農業と環境再生型農業

確かにアメリカは近代化に熱心ではあるが、環境問題に無関心であるわけではなく、経済性の確保を前提にしたうえでの環境問題への取り組みはそれなりに展開されていると見る。そしてＤ・モントゴメリー著の『土・牛・微生物』によれば、①最低限の土壌撹乱、②被覆作物（マメ科植物を含む）の取り入れ、③多様な輪作、を三原則とする環境保全型農業が広がっており、アメリカの農地の21％は環境保全型農業によって行われているとしている。

環境保全型農業は世界の耕地の約11％に達しており、その取り組みの4分の3以上は南北アメリカが占めているという（いずれも２０１３年）。こうした流れの中に、先に見たゲイブ・ブラウンの取り組みも位置づけられるのかもしれない。

また、日本でも福岡正信による自然農法、岡田茂吉による自然農法を先駆けとして様々な有機農法が編み出されてきた。近時ではモントゴメリーのいう環境保全型農業の三原則に加えて、果樹を中心とした混生密生を基本とする自然栽培により、植物の特性を活かして生態系を構築・制御し、生態学的最適化状態の有用植物を生産する協生農法への取り組みも試みられている。さらには生ごみや雑草を堆肥化する取り組みも広がりつつある。

そして、このところ急速に台頭しているように受け止められるのが環境再生型農業と訳されるリジェネラティブ農業である。茨城大学教授小松崎将一の解説によれば「環境再生型農業とは、水と空気の質を改善し、生態系の生物多様性を高め、栄養価の高い食品を生産し、炭素を貯蔵して気候変動の影響を緩和するなど、総合的な農業」であるとしている。

その五つの原則とし、て①土壌の物理的、生物学的、化学的撹乱を最小限に抑える（不耕起栽培や減耕耘栽培、あるいは休閑なども含む）、②農薬や化学肥料などの化学物質の使用を削減または排除し、植物で覆われた土壌を維持する（土地を耕す代わりのマルチングやカバークロップの導入などを含む）、③輪作や混作をつうじて農地の植物多様性を高める、④生きている根を可能なかぎり土壌に残す、⑤可能なかぎり家畜生産と作物生産を結合させる、があげられている。

そして「多様性は、健康な土壌を構築して水と栄養素をより多く確保することに役立ち、複数の収入源を確保し、花粉媒介者と昆虫に利益をもたらすことができる」「家畜の糞尿は貴重な栄養塩を土壌に還元し、肥料の必要性を減らす」「植生で被覆された農地は、大量の炭素と水を確保し、圃場からの栄養塩の溶脱を減らすことを可能とする」とも述べている。

このように有機農業の世界も含めてということになるが、化学農薬・化学肥料の使用量を低減させるというのはその一つの手段であって、流れは低投入による外部投入を極力減らす一方で、植物の多様性、生態系を豊富にしていく、〝本来農業〟へと確実に向かっているということができる。

言い方を変えればコーデックス委員会（食品規格の策定などを行う国際的な政府間機関）の基準では化学農薬・化学肥料を2年もしくは3年以上使用しないものが有機農業とされるが、これはあくまで認証する前提としての形式要件であって、有機農業の本質は低投入の本来農業にあることが明らかにされつつあるということでもある。日本有機農業学会が有機農業の定義の見直しを求める所以でもある。

アグロエコロジーの基本原則

ここであわせて触れておきたいのが、「農業生態学」などと訳されているアグロエコロジーについてである。これはFAO（国際連合食糧農業機関）がSDGsの推進にあたって呼びかけているもので、次のような項目が掲げられている。

①**多様性**：自然資源を保全しつつ食料保障を達成するための鍵
②**知の共同創造と共有**：参加型アプローチをとれば地域の課題を解決できる
③**相乗効果**：多様な生態系サービスと農業生産の間の相乗効果
④**資源・エネルギー効率性**：農場外資源への依存を減らす
⑤**循環**：資源循環は経済的・環境的コストの低減になる
⑥**レジリエンス（回復力）**：人間、コミュニティ、生態系システムのレジリエンス強化
⑦**人間と社会の価値**：農村の暮らし、公平性、福祉の改善
⑧**文化と食の伝統**：健康的、多様、文化的な食事を普及する
⑨**責任ある統治**：地域から国家までの各段階で責任ある効果的統治メカニズムを
⑩**循環経済・連帯経済**：生産者と消費者を再結合し、包括的・持続的発展を

これらは地理的条件・風土・文化などによって取り組みは多岐にわたることを前提に、共通事項としてあげられているもので、多様な農法がある中で、地域各々の条件に合わせて、適地適作、そして適正技術の推進をはかっていくにあたっての社会性など

も含めての基本原則を提示しているものと理解される。あわせて農業の社会化なども含めた複眼的なアプローチの必要性を求めているともいえよう。

〈事例①〉こだま農園とSeed Cafe

静岡県の東部、富士山麓にある富士宮市で自然栽培に取り組んでいるのが岩野雄介さん（48歳）である。5年前の2018年に農業を始め、「こだま農園」として、現在、水田0・7ha、畑1・3haで自然栽培による有機農業に取り組んでいる。

体は食べ物でできている

岩野さんの毎日、暮らしぶりは東京と静岡での二地域居住というよりは二地域拠点生活というほうがふさわしい。東京で整骨院・整体院、ヨガスタジオ、格闘技ジム、空手道場、運動特化型の放課後デイサービスを、そして静岡ではこだま農園、Seed Cafe、民泊「縄文の風」を運営・経営しており、まさに〝岩野グループ〟ともいうべき健康・食・農業を一体化させた活動を展開している。

岩野さんは25年ほど前から治療院やトレーナーなど、健康に携わる仕事をしてきたが、健康を害している根本原因を絶つことが必要であると考えるようになって、運動指導の場としてコンディショニングジムを開設。その後、運動すること自体、ハードルが高いということで、健康体操から辿り着いたのがヨガであった。併行して格闘家としてリングで活躍してもいたのであるが、本格的にヨガを学ぶためにインドに出かけ、伝統医療であるアーユルヴェーダの施設に滞在、そこでヨガとともに食事療法なども学ぶこととなった。

そこで「何より体が変わっていく実感を持てたのが食事」であり、「本来あるべき健康な体に戻ったように感じた」という。それは「私たちの体は食べるものでできていることを確信し、農園のタグラインである『you are what you eat』（あなたは食べ物でできている）、この言葉が自分にインストールされた瞬間」であったともいう。

日本に戻って、こうした食生活をしようと思ったところが、自然栽培や有機食品はなかなか手に入らないという現実に直面。そこで4人の自らの子どもたちの未来のため、さらには安全・安心な食べ物が日本に広がってほしいとの思いが強くなり、「食の原点である農家になることを決意」して、富士宮に辿り着いたものである。

ちょうどこの頃、岩野さんは、私が代表世話人として講義を受け持っていた銀座農業コミュニティ塾の塾生でもあった。

有機野菜で自然派メニューを用意

こうして自然栽培・有機農業に取り組むようになったのであるが、「こだま農園」の〝こだま〟は木霊と山彦という意味、すなわち「木霊のような自然の力を借り、寄り添いながら、より良い農作物を育てたい。そして、私たちの考え方や行動はいずれ山彦のように返ってきます。子どもたちに誇れるあり方を目指し、そのあり方を未来へとつないでいける、そんな農園にしていきたいという想い」を込めて命名したものである。

4年前には「富士山麓の自然あふれる環境で育った有機野菜を使用した自然派」のSeed Cafeを立ち上げ、その運営・経営にもあたっている。メニューはビーガンランチなどまさにこだわりの「自然派メニュー」で、材料は自らの生産物も含めて地元農家による有機野菜。Seed Cafeは富士宮市の町中にあり、こだわりメニューを目的に遠方から足を運んでくる人たちも少なくなく、また近隣の会社などに勤める人たちも含めて昼飯時はけっこうなにぎわいとなる。

Seed Cafeは飲食、有機農産物などの販売、たまり場、学習の場、情報発信・交流の場など、多様な機能を発揮しているが、一番のねらいは情報発信にあるという。食べる経験によって感情が動き、感情が動いたところに情報が入り、情報をつうじて知ることができるようになる。ところが現代社会は情報化社会と言われながら、本当の情報に触れる機会は少なく、知らないから選ぶことができないというのが実情であり、だからこそSeed Cafeをつうじて「知る権利と選ぶ自由」を次の世代につないでいきたいとしている。
Seed Cafeは入り口に近いところを有機農産物や菓子など加工品の売り場にしており、たくさんの固定種・在来種の種も販売している。また多くのチラ

Seed Cafeでは自然栽培、有機栽培による農産物を販売

シやパンフレットなどが置かれているだけでなく、掲示板も設置されて様々な情報が張り付けられている。さらに目を引かれたのがSeed Cafeにある調度品や内装である。建物と内装、そして中に置かれたものすべては木材やしっくいなどの自然素材でつくられており、素敵な木のテーブルと椅子は廃材を利用しての手づくり。そしてしっくいの壁は、幾種類もの種を張り付けて宇宙世界を表現したすばらしいアートになっているなど、ほとんどは手づくりで、これに携わった皆のメッセージが込められている。

人と人がつながるコミュニティ

岩野さんはSeed Cafeにとどまらず、最近、民泊も始めた。里山の風景が広がるところにある落ち着いた建物を入手したもので、民泊と同時に、こちらが宿泊場所と食事を提供し、相手は労働を提供することによって「ことことことを交換する場」にもしている。ここをお金ではなく価値の交換の場としていくことを目指しており、そこには、人と人とのつながりこそが豊かさでありコミュニティであるとする

確信を見ることができる。

岩野さんに農場を案内してもらった時に、トマトの落ちた実から翌年、芽が出てきたことから、これを繰り返すことによってトマトを移植栽培ではなくて多年草的に毎年栽培することができないか実験していること、また、虫に食べられた農産物ほど免疫力を発揮することによって健康にいいものになるのではないかと研究していることなどをうかがい、その発想に度肝を抜かれたことを思い出す。

類まれな発想と行動力には驚くばかりで、林業にも挑戦を開始しており、森の蘇生をはかるだけでなく、そこから出る木を使って簡易宿泊を可能にする建物・住宅を供給していくことによって耕作放棄地をダーチャ（郊外の農地つき小屋）に変えていくとの夢を抱く。森・木は先人がつないでくれたものであり、今度は自分たちが未来世代に森・木をつないでいく番だとする。まさにその射程は、体、食、農業、林業、地域社会へと広がる。

岩野さんがスタートさせた民泊施設に泊まった夜は、有機農家や豚の放牧を行っている農家などが集まってくれた。いずれも他所から移住してきた若者ばかりで、夜遅くまで盃を酌み交わしたが、もうこれは既にオーガニックビレッジそのもの。聞いてみればこの（２０２３年）10月には同志たちと「オーガニックサミット」を富士宮市で開催し、成功させている。

思いは「オーガニックサミットは地球と向き合う時間。この美しい地球に生きる私たちの命の輝きを未来へとつないでいくため」だという。そして富士山は日本の中心。遠からず日本全国から人を集めたオーガニックサミットを開催する計画にしているともいう。若いパワーを心底から頼もしく感じるとともに、大いに期待し応援もしていきたいと考えている。

日本オーガニック会議の設立と活動

有機農業の取り組みで先行、リードしているのはＥＵであるが、その推進の大きな原動力になったと考えられるのがEUオーガニック会議である。生産者、消費者、事業者、自治体、行政が一堂に会して、現場の実情を踏まえて有機農業の生産・流通や政策等について率直な意見交換を積み上げてきたことが奏功したと理解されている。

このEUオーガニック会議をモデルに、日本でも幅広い関係者が集まって建設的な意見交換・政策提言などを行っていくための場として日本オーガニック会議が設けられた。2021年5月に農林水産省がみどり戦略を決定したことを踏まえ、6月に全国有機農業推進協議会、持続可能な農業を創る会、有機農業参入促進協議会、日本有機農産物協会、次代の農と食をつくる会、オーガニックフォーラムジャパンなどのメンバーが中心となって準備会を発足させ、同じ年の12月8日に第1回の実行委員会を開いて日本オーガニック会議をスタートさせた。

その活動の柱は、生産者と消費者、行政、企業（事業者）との情報交換・発信を担うプラットフォームとしての機能を果たしていくところにある。ここで有機農業の推進に向けた課題を共有し、現場の実情を踏まえた議論を展開していくことによって、政策提言と同時に官民共同で政策を立案していくことを目指している。

具体的活動としては、2022年の2月にはみどり戦略に係る法案化の動きにともない農林水産大臣に対して提言・要望を行った。その後、これについての法律案が提示されたことから、3月にはやはり農林水産大臣あてに同法律案に対する意見書を提出している。

こうした政策提言活動と併行して、同年6月には第1回のオーガニックカンファレンスをオンラインで開催した。これは「オーガニックを推進していくための課題共有や方向性策定に向けて議論する場」「オーガニック推進に向けた多様なステークホルダーの連携創出」をねらいに、午前は実行委員40人超による一人3分間プレゼンテーション、午後は六つの部屋に分かれて食料安全保障から食文化や教育に至るまで多様な議論が交わされ、またそれを踏まえての全体討議を実施した。

そして、9月には第2回のオーガニックカンファレンスが開かれ、ここでは農業、自然環境、気候危機、生物多様性、エシカル（環境、人・社会、地域にやさしい消費）といった多様な切り口で一般市民を対象にフォーラムを開催するとともに、農水省と環境省も参加して、官民連携会議が開かれるなど、所期の目的に向かって活動を積み上げつつある。

なお、「日本オーガニック会議」は名称に「オーガニック」を入れてはいるが、有機農業を核としながらも減化学農薬・減化学肥料の取り組みを排除するものではなく、これらの取り組みとも連携していくことについて確認・合意していることは重要であり明記しておきたい。

みどり戦略実現のカギを握るJAグループ

みどり戦略のねらいは気候変動対策としてのカーボンニュートラルにあり、これに関係して持続性と生物多様性の確保を目指している。

２０５０年までに実現すべき目標として化学農薬使用量の50％低減と化学肥料使用量の30％低減、そして有機農業取組面積割合25％（１００万ha）が掲げられているが、現場などでは有機農業の推進をつうじて化学農薬・化学肥料の低減をはかっていくというものや、減化学農薬・減化学肥料の取り組みから開始しステップアップしつつ有機農業を目指すものなど、考え方は分かれる。

面的な取り組みを広げるために

有機農業の技術は進展しており、一挙に有機農業に転換していくことはさほどハードルは高くないとする意見もある一方で、有機農業に転換することによって3年程度は減収を余儀なくされるとともに、生産した有機農産物が増加したコストをカバーする価格で販売することは容易ではないとして躊躇する生産者も多い。

山に登るにもいくつかのルートがあるように、ステップアップしていく道もあれば、一挙に有機農業を目指す道もあり、それは生産者、地域の判断に任せるべきだ、というのが私の基本的な考えである。

要はカーボンニュートラルや持続性、生物多様性の確保がねらいであり、このためには全体負荷を低減していくことが大事で、面的な取り組みの拡大を必須とする課題である。その意味では、できるところから取り組みを開始していくステップアップの道をも尊重していくことが必要だ。

単純に言えば25人が有機農業を開始して１００点をとれば２５００点が確保されるが、化学農薬・化学肥料の半減に75人が取り組めば３７５０点となり、化学農薬・化学肥料を半減するほうが１・５倍の得点となる。有機農業に一挙に転換することはすばらしいことではあるが、減化学農薬・減化学肥料への取り組みを軽視することは許されないのではないか。

面的に取り組みを広げていくにあたってはＪＡグループの存在が欠かせないと同時に、大きな役割を発揮していくことを期待したい。ＪＡグループの中には環境保全米に取り組んでいるＪＡみやぎ登米《とめ》（みやぎ登米農業協同組合）やＢＬＯＦ理論（生態系調和型農業理論）をテコに「１０００人の有機農業者づくり」を掲げるＪＡ東とくしま（東とくしま農業協同組合）をはじめとして、先駆的に取り組んでいるＪＡもある。しかしながら総じて有機農業はもちろんのこと、環境問題に対する関心は薄いというのが実情ではある。

環境調和型農業の推進へ

２０２１年の10月に開催された第29回ＪＡ全国大会で決定された今後3年間の中期計画の取り組み実践方策の中に「地域の実態に応じた持続可能な農業・農村の振興と政策の確立」が置かれ、その一項目として「みどりの食料システム戦略を踏まえた環境調和型農業の推進」を打ち出している。

取り組みは四つのパラグラフに分けられ、第１パラグラフでは「ＪＡグループはみどりの食料システム戦略の実現に向けた新たな法的枠組みや政策支援等をふまえ、地方公共団体が作成するビジョンなどとの連携や消費者の理解醸成に向けた国民運動の展開など、行政・関係機関が一体となった環境調和型農業の推進に取り組みます」として、みどり戦略の実現に向けて環境調和型農業を推進していくことを宣言している。

第2パラグラフでは、土壌診断にもとづく適正施肥や耕畜連携による堆肥を活用した土づくり、IPM（総合的病害虫・雑草管理）の推進、自給飼料の生産・利用拡大等に、既存技術を活用した先行事例の横展開・普及、栽培暦の見直しも含めて、地域実情に応じた取り組みにより実践・拡大していくこととしている。

第3パラグラフでは、有機農業なども含め環境調和型農業の取り組みを行政などと連携して地域実態に応じ強化していくことをうたっている。

そして最後の第4パラグラフでは、このためGAP（Good Agricultural Practices 農業生産工程管理）を営農指導の基礎と位置づけて、連合会・中央会と連携し、GAPの実践を支援していくこととしている。

筆者の記憶ではJA全国大会の議案で有機農業という言葉自体が登場したのはこれが初めてではないかと思うが、このように有機農業をも含めた減化学農薬・減化学肥料栽培への取り組みを「環境調和型農業」と称して、地域の実情に応じて、既存技術も活かしながら推進していくこととしている。これまでの消極的な姿勢を転換して、化学農薬・化学肥料の使用量低減や温室効果ガス排出量の低減を目指している。とはいっても、一気に環境調和型農業に転換していくことは困難であり、現場の理解を得ながら可能なところから推進していくことになるが、これを〝第2のJA自己改革〟として着実に取り組みをすすめていくことを期待したい。

グリーンメニューからモデルJAづくり

JAグループの生産資材などの購買や生産された農産物の販売を担っているのが全国農業協同組合連合会（JA全農）だ。JA全農は第29回JA全国大会での決議を踏まえて「環境調和型農業の実現に向けた対応の基本的な考え方」を次の5点に整理している。

①ＣＳＲ（企業の社会的責任）・ＳＤＧｓ・みどり戦略・脱炭素化などを包含する環境対策であり、全農グループが行う一連の事業活動をつうじた一貫性があり総合的な取り組みであること
②ＪＡ・連合会の役割分担にもとづく、ＪＡグループとしての一体感のある取り組みであること
③農業分野での裾野を広げていくため、環境調和型農業などに関する本会のこれまでの取り組みと連続性があり、農業現場の実態を踏まえた段階的な取り組みであること
④全国的な輸送効率化や、地域の特性・実情を踏まえた直売所などでの地域循環流通など、多様な取り組みであること
⑤行政や研究機関、他団体・企業などと連携した取り組みであること
これにもとづき、持続可能な農業生産の実現に向けて環境負荷を低減するとともに、トータルコストの低減などによって農業経営に貢献できる技術・資材の普及をすすめていくとして、耕種農業における環境調和型農業に資する技術・資材を体系化した「グリーンメニュー」を２０２３年5月に打ち出した。

その考え方・特徴について触れておけば、第一にグリーンメニューは化学肥料使用量低減、化学農薬使用量低減、温室効果ガス削減の三つの視点からメニューを組み立てている。

第二に上の三つの視点は環境的要素としてあげられたもので、これに加えて経済的要素・社会的要素も考慮してメニュー化が必要であるとしており、経済的要素・社会的要素として物財費の削減、労力の軽減、生産性向上、生産基盤維持、地域貢献を加味している。

第三に現在でも実践可能なメニューとあわせて現在開発中のメニューも明示されているが、まずは①土壌診断にもとづく施肥量の抑制や堆肥など国内肥料資源の活用、②ＩＰＭ総合防除などによる化学農薬だけに頼らない防除、③生分解性マルチによる脱プラスチック対策などの既に各地で実践されている既存技術の定着に注力していくことにしている。

これを踏まえて全国への普及・展開をはかっていく足場として、全国に約50のモデルＪＡを設定して

おり、今後、グリーンメニューの実践・検証を行いながら、モデルＪＡでの実践事例を集めての手引きを作成し、全国のＪＡに展開していくことを予定している。

また、２０２３年8月には全農が取り扱う米は、２０３０年産までに全量を環境に配慮したものにする目標を掲げたことを発表した。まずは、25年産までに全ＪＡで温室効果ガス削減の取り組みを栽培暦や栽培記録簿に記載するようにする一方で、温室効果ガス削減に効果が見込まれる秋耕への取り組み促進をはかることにしている。あわせて温室効果ガスの削減量を評価する認証制度も新設し、販売面での優位性確保にもつなげたいとしている。

有機農業のレベルには遠く及ばないものの、まずは既存技術の定着をはかりつつ、徐々にレベルアップしながら実績を積み上げていく予定にしており、着実な展開を期待したい。

〈事例②〉ＪＡみやぎ登米の環境保全米

ＪＡといっても全国では５００を超えるＪＡがあり、みどり戦略など環境問題に対する取り組みはまちまちであるとともに、総じて取り組みに消極的なＪＡが多いことは否めないが、一部とはいえ積極的な取り組みを展開しているＪＡがあることも事実だ。そのフロントランナーの一つがＪＡみやぎ登米である。

「環境保全農業」で米づくり

ＪＡみやぎ登米は宮城県北部、岩手県と境を接する地域を管内とする。管内の東を北上川、西を迫川《はさまがわ》がいずれも南北に流れ、迫川の西にはラムサール条約登録湿地で毎年たくさんの渡り鳥が訪ねることでよく知られる伊豆沼、長沼がある。

管内の中央には肥沃な穀倉地帯が広がり、水田面積は８０００haを超え、県内でも有数の米どころである。また「仙台牛」の主産地でもある。組合員数１万４９５５人（正組合員１万２１９６人、准組合員２７５９人、２０２３年３月末現在）で、１９９８年４月に登米市（旧登米郡）８町にあった８ＪＡが広域合併してＪＡみやぎ登米となっている。

このＪＡみやぎ登米が生産する米は「環境保全米」として生産・出荷されており、ここでの米づくり運動は「環境保全農業」であって「環境保全型農業」ではない、としている。単なる農法としての取り組みではなく、「生産者がこの地域の資源を生かし持続的に米づくりに取り組めるような『環境』を保全し、「生活者にとっても生活環境を保全する」ものにしていくことを目指すがゆえのネーミングへのこだわりだ。

合併以前から現管内の中田町《なかだちょう》、南方町《みなみかたまち》で環境保全米への取り組みは始められており、これは地元新聞・河北新報が世界の米づくりを探る「オリザの環《わ》」なる企画の一環として立ち上げた「環境保全米実験ネットワーク」に参画するところから挑戦を始めたものである。そして１９９８年に８ＪＡが合併した当時は、生産調整の拡大と米価の低迷に苦悩する中、組合員の結集力強化が大きな課題となっており、これへの対応として２００２年に提唱したのが「環境保全米」であった。

これからの米づくりの方向を地域から問い直す中で、農業は地域の自然を利用した自然産業というイメージで見られることもあるものの、その実態は化学農薬や化学肥料に依存したものであり、生態系への影響や湖沼の富栄養化なども問題になっていたという。そうしたことから改めて「売れる米づくり」について協議した結果、単に消費者や実需者が好む味や品質の米であるにとどまらず、「どんな米づくりがなされているか」という問いかけに応えられるものでなければならない、とし、かつそのためにも「点」ではなく「面」として地域総参加型で取り組んでいけるものとして「環境保全米」を提唱することになったのである。

議論の過程では環境保全米は手間を要しコストがかさむことになり、それに見合った価格が実現できるかが問題となったが、この取り組みは「生産者と消費者との共生」運動でもあると位置づけており、「生産者が持続的な米づくりができる環境を保全しようと取り組む姿は、必ず消費者にも届く。そこで評価が得られれば対価は得られる」との消費者、協同組合連携への強い信頼があってこその取り組み開始でもあった。

3タイプの生産・集荷・販売

環境保全米栽培はＪＡＳ有機栽培（転換期間含む）、無化学農薬・無化学肥料、そして減化学農薬と減化学肥料による3タイプのメニューを示して、生産・集荷・販売を行っている。その基本には、特定の生産者だけではなく、地域全体で取り組む運動とすること、化学農薬や化学肥料の使用は否定しない一方で、次世代に〝丈夫な土〟をつないでいくため、畜産地帯でもあり堆肥を活用した耕畜連携による土づくりを重視していくこと、が置かれている。

全面的に運動を開始したのは2003年となるが、この年は冷害に襲われて管内の作況は69となったが、環境保全米については冷害の影響は軽微であったこともあって、これに取り組む農家は増加し、2011年には販売量に占める環境保全米の比率は90％に達した。

しかしながら、2019年は77％に低下しており、その理由として担い手の減少、すなわち20年前8000戸あった米農家が現在では4200戸に半減しており、これにともなう農地集積によりほぼ倍の規模拡大で、作業負担から除草剤に頼らざるをえない農家、圃場が増えてきていることが大きな原因になっているとしている。ＪＡみやぎ登米の環境保全米運動も、担い手の減少・集約化という現実の中で新たな課題に直面しているといえる。

これに関連してどうしても紹介しておきたいのが消費者、行政、高校・大学などとの連携についてである。ＪＡみやぎ登米に合併する前のＪＡなかだは、町、生産者、生協、ＪＡで「なかだ環境保全米協議会」を組織し、その活動の一環として大学や生協から人を呼んで、栽培方法や流通などについて、年1、2回、泊まりがけでの講習会を5、6年繰り返してきた経過がある。

こうした活動が背景にあって合併後のＪＡみやぎ登米の環境保全米提唱につながっていったことは言をまたない。また、２００７年には「みやぎの環境保全米県民会議」が結成されている。県内の生産者、消費者、関係団体・機関、マスコミ関係者によって構成されたもので、これらの活動を経て環境保全米はＪＡみやぎ登米だけでなく「みやぎの環境保全米」としてロゴマークもつくられて、県全体の取り組みとして広がっている。

〈事例③〉ＪＡはだのの「ゆうきの里」づくり

ＪＡはだの（秦野《はだの》市農業協同組合）は、神奈川県の秦野市を管内とする。秦野市は神奈川県の西部に位置し、東西に小田急線が走っていることから新宿まで約1時間。県庁の横浜に出かけるのと同じぐらいの時間で行くことができるなど、都心と直結している。アクセスに恵まれていることから、高度経済成長期に都市化がすすみ、工業団地が形成されるとともに、首都圏のベッドタウンとしても発展してきた。

秦野はそもそも茨城県の水府、鹿児島県の国分（国府）と並んで日本三大葉タバコ産地の一つとして知られてきたところで、葉タバコ栽培を中心として、冬作は麦・ナタネ、夏作はラッカセイ・陸稲《おかぼ》などとの輪作が広く行われてきた。

しかしながら、都市化の進行と、葉タバコ消費の激減にともない、都市化に対応しての少量多品種栽培へと移行してきた。そして多様な担い手を確保しての地域営農の活性化を目指して、はだの都市農業支援センター（第8章参照）も設置してきた。ＪＡはだのの環境対策は、「組合員・地域住民とともに」の特徴的な取り組みを展開している。

農業の環境対策としては、神奈川県全体での環境保全型農業推進と軌を一にして取り組んできており、防除関係、施肥関係、農薬関係それぞれに対応をはかってきた。特に防除関係では、カーネーションの植え替えにともなう労力の負荷軽減と環境負荷低減を両立させるため、薬剤は使用せずに温湯によ

JA はだのの農産物直売所「はだのじばさんず」。地場産野菜が豊富に並ぶ

る土壌消毒の実用化を確立した。また、施肥関係ではph（水素イオン濃度）やＥＣ（電気伝導度）の診断をＪＡで独自に実施するとともに、農薬関係では南平地区の生産者17名が約10haの圃場でフェロモントラップ（虫のフェロモン成分を利用して対象害虫を誘殺する装置）を導入するに際して、ＪＡは薬剤の半額助成を実施するなどしてきた。

　これら取り組みを含めて、現在は「ゆうきの里」づくりを掲げており、畜産農家と耕種農家が連携しての堆肥の生産・流通による減化学農薬・減化学肥料栽培への取り組み、有機物のリサイクル、自然環境の保全などをつうじて健康と豊かな食生活の創造を目指している。地産地消と環境保全型農業を推進し、環境保全の度合いをレベルアップさせての「有機（ゆうき）農業の里づくり」と、生産者と消費者が手を結び「勇気（ゆうき）を与える里づくり」を一体化させての「ゆうきの里」づくりに取り組んでいる。

　ＪＡはだのは、農業での環境対策だけでなく、「組合員・地域住民とともに」取り組む本格的な環境対策への行っているところに最大の特徴があり、そのきっかけとなったのが2012年のJA全国大会で提起された、JAグループの女性組織がすすめる「JA女性エコライフ宣言」であった。

JAはだののファーマーズマーケット「はだのじばさんず」は全国的にもよく知られているように地産地消の拠点となっているが、出荷者や利用者の多くは自動車を利用していることから、CO_2の削減に2009年度から取り組み始めた。そして「JA女性エコライフ宣言」を受けて「カーボンオフセット事業」として「見える化・減らす化・埋める化・創る化」に取り組んできた。まず「見える化」として、来店車両のCO_2排出量調査を行っている。

「減らす化」では、エコドライブ啓発活動、マイバッグ持参運動、照明のLED化を推進してきた。「埋める化」では、レジ通過者一人につき1円をJAが拠出し、これでLED型防犯灯を秦野市防犯協会に寄贈し、現在では市内すべての防犯灯がLED化されている。

「創る化」では、創立50周年の記念事業として、じばさんずの屋根に太陽光パネルを設置し、再生可能エネルギー固定価格買い取り制度を活用した太陽光発電を開始している。そして、これら取り組みに対する出荷者、利用者それぞれにアンケート調査を実施し、意識度合い・認識状況も確認しながら取り組みをすすめている。

有機農業の本質は低投入の原理にあり

近代農業と持続可能な農業の象徴でもある有機農業の本質を比較したものが**図3-3**である。明峯哲夫の「有機農業の科学と思想」をベースに整理したものであるが、これについてコメントすることによって本章の総括をしておきたい。

明峯哲夫は、近代農業の本質を〝最適環境〟に見出している。すなわち科学的に最適と見なされる人為を加えた環境をつくり出し、そこで生産していくところに近代農業の最たる特徴があるとする。これには空間的方法と化学的方法とがあり、空間的方法

図 3-3　有機農業の本質と近代農業との関係

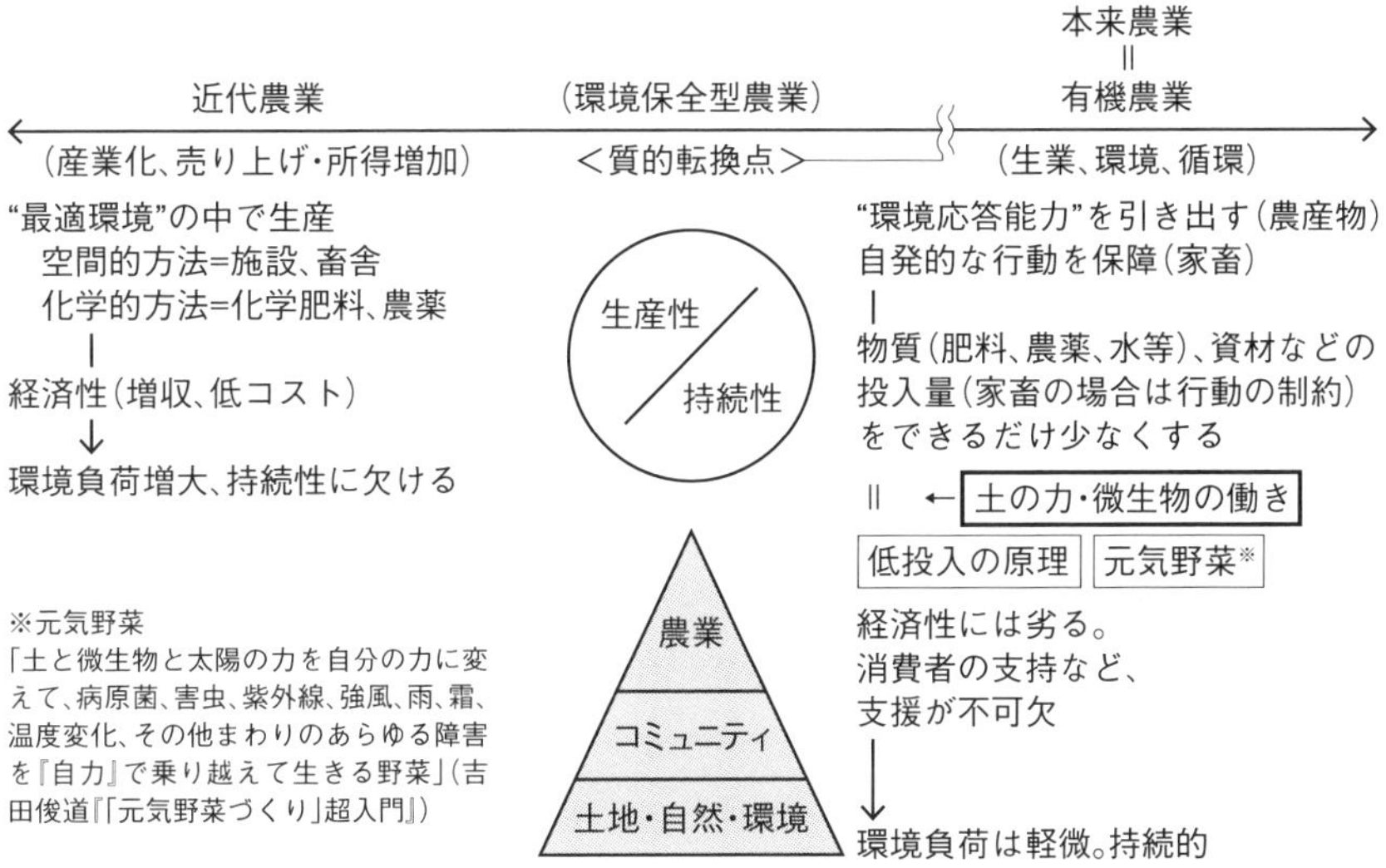

資料：明峯哲夫「有機農業の科学と思想」（『生命を紡ぐ農の技術』〔コモンズ〕第Ⅲ部）を中心に
蔦谷栄一が整理して作成

は施設化によって園芸の場合には温度や雨量などの調節をはかり、畜産の場合には畜舎の中で雨風から動物を守ろうとしながらも、行動の自由を制約し管理を容易にするとともに増体の効率化をもはかる。化学的方法は、化学肥料や化学農薬を使用することによって農産物が必要とする栄養分を供給するとともに、病害虫の発生を抑制する。

これに対して、有機農業は、農作物に〝最適環境〟を与えるのではなく、むしろ環境を前提にしてこれに適応できる〝環境適応能力〟を引き出すことによって農作物の成長を促し、家畜の場合には家畜の自発的な行動を保障してやることを重視する。人間に当てはめてみれば、風邪をひかないように厚着をしエアコンを使って快適な温度や湿度の中で生活するのが近代化だとすれば、有機農業では厚着は避けて薄着とし、寒い日でも乾布摩擦をして肌を鍛え免疫力を高めて風邪に対抗し健康を確保していくようなものであろうか。

この有機農業に取り組んでいく際のポイントとなるのが「低投入」であり、肥料や農薬などの資材の

環境に負荷をかけない自然栽培のダイコン畑（富山県氷見市）

投入を抑制していくとともに、家畜の場合はその行動制限をできるだけ少なくしていくことが欠かせないとする。そして、この低投入とすることが土の力、微生物の働きを引き出し、「元気野菜」が生産されることになる。この微生物が活発に活動している土であること、そうした土づくりに取り組んでいくところにこそ持続性を獲得していくカギはある。

近代農業は〝最適環境〟の中で生産することによって、増収、低コストを可能にし経済性の確保につなげていくものであるが、この経済性重視のビヘイビア（行為）が環境負荷を増大させ、持続性を喪失させてきた。これに対して低投入の原理による生産は、外部投入を減少させ直接的経費の軽減ははかられるものの、人手、手間をかけての生産、いわゆる〝百姓仕事〟が多くなることから経済効率はどうしても低くなってしまう。また、その生産物の価値を理解してくれる消費者の支持などが不可欠ということにもなる。

しかしながら低投入による農業は環境負荷が少なく、持続的であり、加えて〝百姓仕事〟は生態系の維持、生物多様性、景観の維持、さらには多面的機能や国土安全保障に寄与するところも大である。

近代農業の弊害を縮小し一定程度の経済性をも確保していくために減化学農薬・減化学肥料による環境保全型農業に取り組み、減・減の程度を引き上げステップアップしていくことも、一つの選択肢であり、全体負荷の低減のために大きな役割を発揮していくことが期待される。

そのステップアップがある程度まで行ったところで質的転換点を迎えることになる生産者は少なくないのではないか、というのが私見である。一定以上の減・減までいくと、単なる減・減という引き算の論理には限界があることを認識せざるをえなくなり、抜本的な農法の見直しを余儀なくされるという以上に、生命力を引き出していく、発揮させていく方向へと認識の転換が起こって、有機農業へと転化していく生産者が輩出してくるようになるのではと思う。

栄養価が低下している野菜

ここでどうしても取り上げておきたいのが、野菜の栄養価が大きく低下してきているという事実である。

第4次食育推進基本計画の一環として、健康寿命の延伸を目指す「健康日本21（第4次）」にもとづき、1日当たりの野菜摂取量を現状の平均280gから2025年度までに350g以上にする目標を打ち出している。このため、ご飯に野菜、肉、魚などを組み合わせ、1日に5～6皿を目安に食べることをすすめている。そして野菜を多く食べる効果として、野菜はビタミンやミネラル、食物繊維を多く含んでおり、脳卒中や心臓病、がんなどにかかる確率が低下するとしている。

こうした運動は生活習慣病などを減らしていくために貴重なものであることはそのとおりであるが、科学技術庁から出されている日本食品標準成分表によれば、野菜100g当たりのカルシウム含有量はホウレンソウ〈1963年〉98㎎↓〈1982年〉55㎎↓〈2020年〉69㎎、ダイコンで同じく190㎎↓30㎎↓23㎎、カボチャ44㎎↓17㎎↓20㎎、またビタミンC含有量はホウレンソウで100㎎↓65㎎↓19㎎、ダイコン90㎎↓15mg↓11㎎、カボチャ20㎎↓15㎎↓43㎎となっている。

どの野菜の場合も、1963年の数値が最高で1982年には半減どころか大きな減少を示している。カボチャを除いてはホウレンソウもダイコンもさらに減少を示している。こうした事実に触れないで野菜摂取量を増そうとするだけでいいのか。まずはこの事実をしっかり見つめることから始めることが必要なのではないか。

この原因として土の力が低下して栄養が乏しくなっているのか、それとも品種改良で味や香り、見栄えなどを優先する中で栄養素を吸収する能力が低下しているのか。農業関係者に聞いてはみるが見解はまちまちであるとともに推測にとどまり、本格的な検証・分析はどうも行われてはいないようだ。そして、これは野菜だけの話にとどまるのか不安でもある。ただし、分析手法の変化などにより、比較困難とする見方もあることを付記しておく。

食料安全保障の面からも、また健康の面からも、こうした足元の事実を明確にし、地力の低下か、化学肥料の使用などが原因に関係しているのか、確認しながら必要な対策を講じていくことが、持続可能な農業を確立していくためにも欠かせない。

第4章

Agro-
Society

もう一つの地域循環

〝都市型〟地域循環型社会の構築への責任

森―里―川―海の循環の重要性についてはずいぶんと認識されるようになってきたが、微生物学、遺伝子工学の発展にともない地下世界というか土壌の中での植物と微生物による循環があることもけっこう知られるようになってきた。

それぞれの循環は、D・モントゴメリー、A・ビクレー著の『土と内臓』で「植物の根と人間の内臓は、豊かな微生物生態圏の中で同じ働き方をしている」と強調しているように相似関係にあることが理解されるようになってきた。さらに、最近ではそれらが相互に関係・関連していることも明らかにされつつある。

丸ごと1頭いただく

ところで1年ほど前になるが、ごく基本的なところで見逃していた重要な循環があることに気づかされた。

ことのきっかけは友人のK氏から「われわれは牛肉を食べているが、牛1頭から肉として食べている割合は何％か」との質問を受けたことだ。50％か60％か、うーんと唸って「50％ぐらいか」と答えたのであるが、なんと正解は42％。すなわち生体重700kgの牛を処理すると、肉として利用できるのは290kgにとどまる。逆に言えば58％、410kg近くにも及ぶ、正肉の1・38倍もの大量の廃棄物が発生することになる。

そして、牛をはじめとする家畜を処理する施設が存在することは知ってはいても、これら廃棄物がどのように処理・活用されているのかにまでは思いが及ばずにいた。ちなみに他の家畜の正肉割合は、豚、鶏とも50％である。体重が重くなるほどにその体を支える骨や内臓の割合が大きくなるということなのであろうか。

それはともかくとして、これまでもフィレとかロース、モモとか特定の部位に偏っていただくのではなく、丸ごと、正肉全部をいただかなければ、家畜も往生できないと思ってはいたが、正肉を取ることによって発生するものを廃棄物ではなく副産物として活用することなくしては真の意味で「丸ごと１頭いただく」ことにはならないという当たり前の事実に思いをいたしていなかったことを認識させられたのである。廃棄物ではなく副産物として活用していくことなくして肝心の循環は成立せず、正直なところこうした仕事を担っている企業、世界が存在していることを直視していなかった自らを大いに反省させられもした。

そのＫ氏からしばらくして送られてきたのが、『「レンダリング」って知ってますか』という書名がついた小冊子の3冊セットである。企画・編集が愛知化製事業協業組合で、愛知県あま市と株式会社井村食品が協力することによって発行されたものであり、すてきなパッケージ、きれいなイラストが豊富に入り、中身はわかりやすくコンパクトにまとめられているのに感心すると同時に、そこで語っている徹底的に廃棄物の利用がはかられている実態に思わず唸らされてしまった。まさに、実態は廃棄物にすることなく徹底的に副産物として利用していく努力が積み重ねられている。

生体重７００kgの牛から出される副産物は、骨80kg（11％）、脂50kg（７％）、血液56kg（８％）、内臓70kg（10％）、原皮56kg（８％）、その他98kg（14％）となる。不可食部分については、食品（食用油脂、天然調味料、ラーメンスープ、マーガリン、お菓子、ゼラチン、ガムなど）、生活用品（ペットフード、肥料、飼料、接着剤、フィルム、せっけん、化粧品など）、医療・健康用品（内服用カプセル、サプリメント、コラーゲンなど）として、それこそ余すところなく使われている。

さらに原皮については皮革として使われるが、原皮は統計上は加工品に分類され、農林水産物輸出としてはカウントされていないことから目にとまりにくくほとんど知られてはいないものの、２０２１年の輸出額は約90億円に上っており、一大輸出産品となっている。

この小冊子を読んだご縁から、あま市にある愛知化製事業協業組合の一連の施設の見学をさせていただいたが、老朽化した施設も混じるものの、全体は非常に清潔・丁寧に管理されており、そこで働く従業員には海外からの労働者も混じるが、大変に礼儀正しく、きびきびとよく動いていた。また、一部手作業を要する工程も残されながらも、かなりの程度に機械化がすすみ、近代的な装置産業のレベルにほぼ達しているように受け止めた。

都市の中での循環の理念に共感

愛知化製事業協業組合は、自らの事業の位置づけを〝「都市型地域循環型社会」の構築〟に置く。JR名古屋駅から車でも、名鉄に乗っても15分ちょっと。まさに名古屋市のすぐ西隣り。正肉をも含めた農畜産物の大消費地に、こうした施設が存在していることは貴重であり重要ではないか。都市は消費するところ、農村は生産するところとされ、生産にかかる処理は農村に押しつけてきたのは近代化・都市化の一面でもある。

こうした流れを逆転させて、都市の中で極力循環させていく〝「都市型地域循環型社会」の構築〟への貢献という理念を掲げていることに深い共感を覚える。世界的には、地球温暖化、資源の減少、貧困と格差の拡大などの問題が山積する中、国連はＳＤＧｓ（持続可能な開発目標）の推進に躍起となっている。

そして２０３０年までに達成すべき17の目標を打ち出しているが、その中の「８　働きがいも経済成長も」「９　産業と技術革新の基盤をつくろう」「12　つくる責任つかう責任」はまさに愛知化製事業協業組合の仕事、レンダリング産業に合致するものでもある。

「１頭まるごと活用」することによって「自然から授かった大切な『命』を環境に配慮しながら有効活用し、新たな命につなげる」産業となっており、まさにＳＤＧｓを先頭に立って牽引しているというか、ＳＤＧｓの取り組みを可能にする基盤づくりに多大の貢献をしているということができる。

愛知化製事業協業組合にお話を伺ったところ、従業員の定着率が低いこと、また老朽化、手狭になりつつある施設の代替地の確保が容易ではないなど、いくつもの問題を抱えていることについても触れられた。

ＳＤＧｓについてはどうしても抽象的に、きれいごととして語られがちであるが、そうした企業イメージ向上の一手段としてのＳＤＧｓへの取り組みではなく、それぞれの住む地域が抱える問題・課題に消費者・市民、事業者、自治体などが具体的に関わり、自らの問題として〝「都市型地域循環型社会」の構築〟に向けて参画し、必要な役割を果たしていくことが求められているのではないだろうか。

庶民の味が一番

仕事にボランティアも含めて夕方、会議や打ち合わせをすることも多く、その後は安い居酒屋で一杯というのが定番となっている。

絶品のクサヤともつ煮込み豆腐

お気に入りの居酒屋の一つが、ＪＲ武蔵小金井駅北口から徒歩3分のところにある大黒屋である。武蔵野新田開発を成功に導いた川崎平右衛門の顕彰活動に関係して小金井市にあるＮＰＯ法人現代座での打ち合わせや会議もしばしばで、その後、大黒屋に足を運ぶことも多い。大黒屋は珍しいことに注文すると、干物のクサヤをその場で焼いて出してくれる。

もちろん、例の独特のにおいが店に充満する。このクサヤを肴に、粗塩付きの升で出てくる冷酒がうまい。この大黒屋で飲むと、仲間から「つたやさん」ではなく「クサヤさん」と言ってからかわれる。このクサヤと並んで当店のうまいものの双璧となるのがもつ煮込み豆腐である。口の中で、もつ煮と豆腐がからまって、旨味が増幅される。ここに足を運ぶようになるまでは、もつ煮がうまいと思ったことはなかったが、大黒屋のおかげでもつ煮に対する眼差しは大きく変えられてしまった。

Ｋ氏から「われわれは牛肉を食べているが、牛1頭から肉として食べている割合は何%か」との質問を受け、家畜の副産物の大事な利用の一つとしてもつを使っての料理があることを再認識した後の話になるが、珍しくも大田区のＪＲ大森駅から徒歩10分ほどのところで会議があった。

会議の場所まで居酒屋や飲食店が並ぶ小路を通ったところ、「もつ煮　天下一」なる看板が掲げられた「蔦八」なる店を見つけた。「もつ煮　天下一」とは聞き捨てならないばかりでなく、店の名前に「蔦」が入っており無視するわけにはいかない、ということで、会議を終えてからちょっとだけ寄り道。もつ煮と日本酒・南部美人の冷やを注文。

出てきたもつ煮を早速いただいたところ、もつが口に入るととろりと溶けるような感じで旨味がパーッと広がる。スープは味噌をベースにして醤油も加えられているのではないかと思うが、山椒がよく効いて実に美味で、「天下一」を掲げていることに納得。この話を愛知化製事業協業組合を訪問した際にしたところ、それはよほど鮮度がいいものを手に入れて調理しているからだ、うまいもつを出す店はいい流通ルートを確保している、とのコメントをいただいた。

副産物の内臓を上手に調理

このもつ煮に感動して、銀座農業コミュニティ塾（現在は、コロナの関係もあって「今夜はご機嫌@銀座で農業」として別バージョンで実施）の忘年会の一次会を少人数ながら蔦八で開催。カウンター中心で席数も限られており、並んで座ることは困難と判断し、二次会として遅れて参加する人も加えて別の店でテーブル席を予約していたのであるが、たまたまこの日は蔦八で４人掛けのテーブルを確保。しかしながら二次会を予約していたことから、一次会は30分ほどで済ませざるをえず、泣く泣く蔦八を退去。改めて、ここに足を運ぶことを申し合わせてはいるが、ＪＲ大森駅と方向違いの遠方ということで、その後、なかなか出かけられずにいる。

もつに関連した話をもう一つ。イギリスにはうまい料理はないとの話に関連して書かれた、昔読んだ本の中にあった記述であるが、その背景にあるのは肉は高価だということで、肉を食べられるのはもっぱら貴族で、一般庶民はなかなかありつけなかったらしい。ところがどっこい。庶民は内臓を上手に調理することによって、貴族よりももっとうまいものを食べていた。イギリスにも実はうまい料理があるんだという話。副産物を侮ることなかれ。実に美味であるとともに、循環を可能にし、環境にもやさしいのだ。

臭い物に蓋をするな

みどり戦略では化学肥料の使用量の30％低減を2050年までに実現する目標を掲げており、有機物の循環利用、施肥の効率化、施肥のスマート化への取り組み推進をはかっているが、その主となっているのが有機物の循環的利用である。

様々な有機物があるが、過去を振り返れば木の枝や草を鋤き込む刈り敷きや落ち葉を集めての堆肥化とともに、人糞や畜糞、人間や家畜からの排泄物が大きな役割を果たしてきた。畜糞は稲わらなどと混ぜて堆肥とし、人糞や屎尿《しにょう》は下肥として活用されてきた。排泄物である畜糞も人糞も廃棄されることなく貴重な資源として位置づけられ活用されてきた。

ところが、それぞれの農家で馬耕や牛耕を行ってきたものが、畜力を利用しての耕作から耕耘機・トラクターによる耕作へと切り替わってしまったのにともなって、畜糞は畜産農家にしか存在しないものとなってしまった。また、人糞・屎尿は江戸時代では主要な肥料源であり、江戸近郊の農家は江戸に出て生産した農産物と人糞・屎尿を交換し、これを下肥として畑に還元してきた。それが下水道が整備され水洗でのトイレが普及するにともない、人糞・屎尿は下水汚泥として処理されるようになってしまった。

肥料原料の減少などにより有機物の活用が改めて求められているが、本来であればその第一となるのは畜糞と人糞、そして雑草や木の枝の活用ということになるのが当然であるように思う。

まず畜糞についてであるが、馬耕・牛耕が一般化していた時代から耕作は機械に代替される時代への変遷にともない、農家は家畜を持たない耕種農家と家畜の生産・販売を行う畜産農家とに分離してしまった。このため堆肥を必要とする耕種農家は、稲作から出た稲わらなどを飼料として畜産農家に供給し、これを畜産農家は家畜に食べさせ、排出される畜糞を堆肥化することによって耕種農家に供給・還元し、地域内で循環がはかられてきた。

それが畜産経営が集約化され畜産の規模拡大が進行するのにともなって畜産農家が自ら堆肥をつくることは次第に困難化し、堆肥センターに集約して堆肥化せざるをえなくなってきている。言い換えれば農家内での循環から地域内循環へと移行し、さらに広域での循環へと向かわざるをえない状況へと変化しつつあるのが現状である。

また、人糞や屎尿については、ご承知のように下水となって、生活雑排水や工場排水などと一緒になって下水処理場で処理され河川などに放流されている。下水処理によって発生する汚泥には、窒素やリンなどの植物の栄養となる成分が含まれるが、あわせて重金属などの有害物質を含むとともに、その汚染物質の濃度は常に変化することから、その肥料原料も含めた汚泥の活用が叫ばれてはいるものの、重量の割には価格が低いこともあって、流通は限られている。

かつては主たる堆肥として貴重品扱いされていた人糞や屎尿であるが、水洗トイレ、下水道の普及とともに、その回収・活用は困難になってしまっている。今さら水洗トイレからぼっとん便所に戻ることはありえないであろうが、北欧やロシアのダーチャではけっこうコンポストトイレが使われており、これが堆肥として活用されている。トイレの中で糞便と屎尿と分離して排出し、糞便の上に木くずをばらまいて発酵させて堆肥化するもので、おそらくは人口密度が低く下水道の設置は難しいことからコンポストトイレが導入されたのではないかと推測する。

日本でも稀ではあるが、本書の第7章で取り上げているフリーキッズ・ヴィレッジではコンポストトイレを活用しているなど、導入する例も増えてきているようだ。情勢からしてコンポストトイレに光が当てられないこと自体が不思議でもある。遠からず水洗トイレかコンポストトイレの選択が迫られる事態が来ても、おかしくはない情勢へと向かいつつあるように思うのだが。

〈事例④〉ＪＡ佐久浅間の堆肥混合肥料の製造・販売

みどり戦略への対応について思案している現場も多いが、ＪＡグループも２０２１年10月のＪＡ大会決議を踏まえて環境調和型農業への取り組み推進をはかりつつある。

牛糞を活用して堆肥化し、化学肥料を混合（JA 佐久浅間）

対応はＪＡによってまちまちであるが、新たな取り組みを開始するのも一つのやり方ではあるが、既に取り組んできた中からみどり戦略に対応するものを確認・再評価し、その取り組みの拡大・改善をはかっていくというのも一つの選択であり、むしろスムーズな展開を可能にしているともいえる。その一つの事例が、長野県のＪＡ佐久浅間（佐久浅間農業協同組合）の堆肥づくりである。

ＪＡ佐久浅間の管内には酪農もあり、現在６軒の酪農家が残る。そこから排出される牛糞を活用しての堆肥づくりを20年にわたって「もちづき土づくりセンター」で行ってきた。堆肥は化学肥料に比べて散布量が膨大になること、また、においも強いことから、製造はしても販売・活用はそれほど増えずに推移してきた。ところが、このところの肥料原料の逼迫と価格高騰を受けて、化学肥料に堆肥を30％混合した「望（のぞむ）ちゃん」を製造・販売したところ、価格対策として組合員の好評を得るだけでなく堆肥の利用拡大にもつながっており、さらにはみどり戦略についての認識を広げる役割を果たすことにもなっている。

併行してＪＡ佐久浅間では、「しらかばアイスヨーグルト工場」をも稼働させており、酪農家が搾乳した生乳を原料に、飲むヨーグルト「望月高原ヨーグルト」などを製造し、ＪＡ直売所や地元スーパーなどで販売している。

また、そのオンラインショップを行うとともに、ふるさと納税の返礼品としても利用されている。そして乳牛の餌には、地元で生産されたＷＣＳ（稲発酵粗飼料）を供給するなど、総合農協であるがゆえに持つ多様な機能を強みに、地域循環に徹底的にこだわることによって、地域農業の振興、さらにはみどり戦略への対応を前進させようとしている。

雑草は貴重な地域資源

雑草や糸状菌で分解、堆肥化

「雑草で土を変える！」なる特集を組んでいる雑誌『やさい畑』の新聞広告が目にとまった。早速購入して読んでみた。「生ごみ先生」で知られる吉田俊道氏の執筆記事で、刈り取った雑草を敷き詰めて黒マルチをかけ、土づくりを行うものだ。すなわち雑草を糸状菌（菌糸体状を呈する菌類）によって分解して肥料化するというものである。

筆者も自然農法で野菜栽培をしているが、地力が低下するためか、できる野菜は小ぶりとなる。畑は野菜と雑草とが混じって、雑草の伸びのほうが早くて野菜が日陰に入ってしまうことから雑草の根は抜かずに切って、そこに敷き詰めることによって、栄養分の持ち出しを抑制するようにはしてきた。

それが自然農法である、と思いながらも、実験的に部分的に堆肥を投入してみると大きなものができ、また元気もいい。地力の低下の程度を見ながら、数年に一度堆肥を投入すればいいと思いつつあった。しかしながら、堆肥を投入するとなると、耕耘機が必要となるが、機械力は極力使わずにいることから、踏み切れずにいた。そうしたところでこの記事に出会ったものである。

〝糸状菌ファーストの土づくり〟により糸状菌が繁殖しやすい環境をつくってやるものであるが、ススキなどの固い草も含めた有機物はゆっくりと分解し、その養分やエネルギーを効率よく野菜に供給することになる。すなわち雑草を積み重ねることによって糸状菌は増殖し、菌糸は有機物の表面を覆うように伸びるが、やがて菌糸は別の有機物を求めて土中深くに伸びていく。

その菌糸は野菜の根とつながり、また、細胞の棲みかともなって菌のネットワークを形成することによって、植物単体では吸収することのできない栄養素を取り込む手助けをするだけでなく、微生物自体が出す代謝物が野菜に栄養を与えることになる。

雑草を積み重ね、土づくり促進

筆者なりにこの〝糸状菌ファーストの土づくり〟の方法のポイントになると捉えているのは、雑草を積み重ねることによって増殖する糸状菌が好気性菌（酸素が存在する状態で正常な生育をする細菌）であるということである。すなわち糸状菌は酸素を好むことから、耕すことによって雑草を土に鋤き込む必要はなく、雑草を積み重ねるだけでいいことになる。言い換えれば労働力の軽減を可能にしてくれることになる。ただし、糸状菌は雨水で雑草が湿り過ぎると繁殖が妨げられることから、マルチをかけて雨よけすることが必要となる。

第二のポイントは自然農法では雑草は刈り取って単に敷き詰めておくということになるが、それにとどまらず積極的に栄養分を供給する役割を果たす、ということである。

畑に生えた雑草だけでなく、庭に生える雑草も有効利用し、循環させていくことにもなる。すなわち〝雑草は宝〟へと一変すると同時に、困りものの耕作放棄地は雑草を供給する〝地域資源〟と位置づけすることが可能ともなってくる。

日本を含むアジアモンスーン地帯は高温多湿にともない、雑草の処理に多くの負担を要することから農薬を多用する大きな原因ともなっているが、むしろ伸びてきた雑草を刈り取って有効活用していくことは、化学農薬や化学肥料の使用を不要とするばかりでなく、土づくりそのものを促進させることになる。

有機農業は高温多湿で病虫害の多いアジアモンスーン地帯では困難とされてきたが、アジアモンスーン地帯だからこそ可能となる有機農業技術となる潜在力を持っているように受け止めている。

4パーミル運動で炭素貯留

その吉田氏は雑草を使っての土づくりとあわせて、枯れ枝や丸太を使っての土づくりをも提言している。すなわち間伐されて1年以上放置され、糸状菌がついて白くなってきたものを切って土に埋め込むものであるが、同時に土の中で糸状菌の働きが本格化するまでのつなぎとして剪定枝や籾殻をスターターとして加えることをすすめている。

この方法はまさに江戸時代頃から戦後に農業の近代化が本格化するまでの間、盛んに行われていた木の枝や雑草を水田に埋め込んで堆肥化させる「刈り敷き」の現代版であり、木の枝を使っての循環づくりである。

これに関連して取り上げておきたいのが4パーミル運動である。これは2015年のパリ協定の際にフランス政府が提唱したもので、人間の経済活動で1年間に排出される炭素量は、森林などによる吸収分を差し引くと年に43億tとなる。世界の土壌の表層部にある炭素量は約1兆tとなることから、その4パーミル（パーミルは10分の1%）にあたる約40億tの炭素を毎年土壌に封じ込めれば、大気中のCO_2の増加をゼロに抑えられるという考えにもとづく。

これに日本で最初に取り組んだのが山梨県で、果樹王国山梨県で大量に発生する果樹の剪定枝を炭にして土壌に埋め込もうとする試みである。

甲府盆地の東側のエリアは峡東地域と呼ばれ、県内でも一番の果樹地帯となる。ここはブドウやモモの剪定枝を燃やす煙で、12月から2月頃にかけて、一帯はかすみがかかったようになって見通しは悪くなり、ひどい時には霧の中にいるかのようになる。

特にブドウの場合、秋の収穫・出荷を終えて一段落すると、冬仕事の中心は剪定となるが、剪定によって発生する大量の剪定枝は、畑に掘った穴に放り込んで焼却されるものがほとんどである。

こうした野外焼却は廃棄物処理法第6条の2の規定によって原則として禁止されているが、廃棄物処理法施行令第4条の規定によって、農業を営むためにやむをえないものについては例外的に認められており、果樹の剪定枝についてはこの対象とされている。剪定枝を細かく裁断する方法もあるが、枝葉などに着いた病害虫を駆除するために焼却することが必要とされているようだ。

山梨県における4パーミル運動のキーとなっているのが、無煙炭化器の導入・活用で、これは微妙な角度の底の抜けたステンレス製の鍋状となっており、高温での燃焼を可能とする。このため着火時に若干の煙は出るものの、燃え始めて高温になると煙は発生せず、焼却が終わった後には炭が残る。

この炭を畑に散布して土壌に鋤き込むもので、土中にCO_2は封じ込められ、微生物が棲みやすい土壌への改良にもつながる。県は無煙炭化器活用の講習会を開催するとともに、JAをつうじて無煙炭化器の貸し出しを行っている。そして脱炭素に取り組む果樹園の農作物をブランド化していくための認証制度をもスタートさせている。

筆者はブドウはつくっていないが、毎年、竹や花木の剪定枝が発生し、その処理に困っていたことから、6万円をはたいて直径1mサイズの無煙炭化器を購入して活用している。使い勝手もよく、優れものの無煙炭化器が現場に広く普及していくことを期待している。

生ごみ堆肥化からの挑戦

家庭から排出される生ごみも堆肥化できる貴重な資源である。生ごみは燃焼により処理されているところが多いが、水分が多いことから燃焼効率は悪く、ダイオキシンを発生させたりCO_2の排出を増加させるなど環境に大きな負荷を与えていることも指摘されてきた。

まずは生ごみの発生自体を抑制することが肝心ではあるが、あわせて発生した生ごみの堆肥化へのトライアルが各地で続けられてきた。

まちの生ごみ活かし隊の結成

東京都日野市では、2000年に「ごみ改革」を実施して生ごみを含む可燃ごみの半減を実現している。このごみ改革に関わった市民などを中心に「ひの・まちの生ごみを考える会」が2002年に立ち上がっている。これには市のごみゼロ推進課職員も参加して、行政と市民が協働して、生ごみリサイクルの啓発や、竹パウダーを使った段ボールの開発をはじめとする様々な活動を展開してきている。

そうした活動の一環として2004年には市立第八小学校区域で市の委託金を得て「一般家庭生ごみ回収・堆肥化モデル実験」をスタートさせ、福祉施設「NPO法人やまぼうし」と一緒に生ごみを回収し、これを八王子市にある牧場内施設で牛糞と混ぜて堆肥化し、野菜を栽培して販売する仕組みをつくった。そうする中で生ごみ提供者との意見交換会をきっかけにして立ち上がり、結成されたのが、地域住民によるサポート組織「まちの生ごみ活かし隊」である。

ところが、2008年には牧場の堆肥化施設が閉鎖され、やまぼうしも本事業から撤退することになったことから、これまでサポート組織の役割を果たしていたまちの生ごみ活かし隊がやまぼうしの事業を引き継ぐことになった。これにともない当時生ごみを回収していた150世帯とともに、やまぼうしが耕作していた第八小学校区域にある約650坪(現在は約1200坪)の農地をも引き継ぐことになったものである。

こうして開設されたのが「コミュニティガーデンせせらぎ農園」であるが、この近くを浅川が流れていることから用水路が張り巡らされており、せせらぎの音がいつも聞こえている。そして欧米で広がっている「身近な空き地や緑地を住民の手で美しい庭(農園)に変え、安全で緑豊かな美しいまちを創造していく協働のまちづくり」であるコミュニティガーデンづくりを目指して命名したものである。

コミュニティガーデンの取り組み

週2回、軽トラを使って生ごみを回収して堆肥化し、併行して野菜や花を栽培するもので、堆肥化は「土ごと発酵方式」で行ってきた。回収された生ごみは「毎回、直接1㎡当たり約10kgの割合で畑に広げ、耕耘機で浅く耕した後、水分調整剤として枯れ草をかぶせ、その上に動物よけのブルーシートをかけて作業は終了。その後2回ほど作業日にシートを外して再度よく耕耘して酸素を供給したら、あとはそのまま寝かせて夏季は約1か月、冬季は約3か月で完全に分解し、栄養たっぷりの土になる。生ごみが完熟したら、その場所にそのまま種を播いて野菜を育て、収穫したらまた新たな生ごみを投入するという作業の繰り返し」となる。

持参した生ごみを生ごみボックスに入れる

農園に生ごみ堆肥を施す

農園でとれた野菜でピザをつくる

この方式は2022年4月から、生ごみを回収するのではなく、各自バケツで生ごみボックスに持参し、竹パウダー・落ち葉・竹炭を混ぜて堆肥化する「濃縮堆肥方式」に変更している。さらに生ごみの量が減ってきたこともあって、竹や雑草を活用する先述の「菌ちゃん雑草農法」にも前年から挑戦を始めるなど、地域内循環を生ごみ以外の有機資源にも広げてきている。

そして、この生ごみの堆肥化そのものに取り組むと同時に、生ごみリサイクルの普及・啓発事業としての出張サポート、生ごみ堆肥を活用した花壇づくり、農体験・見学受け入れなど、さらにはコミュニティガーデンを拠点にしての地域の居場所事業へと広がってきた。「参加者が楽しみながら学べる相互扶助の『場』づくり」「『新しい公共』や『市民自治』、食と環境に配慮し自然と共生する『地域での暮らし方』」を目指しているが、コロナ禍の2020年度でも年度間での作業参加者は延べ2178人、受入参加者は延べ1909人が示すように活発かつ熱い活動を展開している。

なお、「ひの・まちの生ごみを考える会」の代表である佐藤美千代さんは、「農のある暮らしづくり協議会」の会長とともに、その推進組織である一般社団法人TUKURUの理事を務めるなど、せせらぎ農園にとどまらず日野市全体でのコミュニティガーデンの普及・推進を牽引している。せせらぎ農園での循環づくりが、日野市全体の地域循環づくりへと広がっていくことが期待される（第8章参照）。

第5章

Agro-
Society

自然と農業と人間と

生物多様性と人間

プラネタリー・バウンダリー（地球の限界）であげられている九つの指標の中の一つが「生物圏の一体性（生態系と生物多様性の破壊）」であり、既にもとに戻ることが困難であるティッピング・ポイント（臨界点）を超えているとされる。みどり戦略は気候変動対策が強調されるが、これと並んで生物多様性の保全・再生も掲げられている。

生物多様性の保全・再生

筆者が生物多様性と最初に関わりを持つことになったのは、JA全農の大消費地販売推進部（当時）にいた原耕造さんが2014年にNPO法人生物多様性農業支援センター（BASC）を立ち上げ、当センターの監事となったことに始まる。

当センター業務のメインは、地元住民などをも巻き込んでの生きもの調査によって田んぼや畑の生物多様性のレベルを判定し、参加者の生きものに対する眼差しを変え、さらには生物多様性のレベル向上を指導・支援していくもので、そのための研修や指導者の育成、また、そうして生産された農産物の直売や販売仲介も行ってきた。当時、有機農業や環境保全型農業を事業化する動きはあったが、生物多様性を事業の対象にする発想に大変に感心させられるとともに、田んぼの生きもの調査をする子どもたちの写真での生き生きとした姿と眼差しに感動したことがある。

また、その少し後だったか、銀座にある白鶴酒造天空農園で銀座ミツバチプロジェクトが主宰する大豆収穫の集まりがあった時に、そこで三味線を弾きながら日本民謡を歌っていた林鷹央さんが生きもの調査を仕事にしていることを知って、これまた大変な人がいる、時代はそこまで変化しているのかと大いに驚いたことを思い出す。林さんとは、この出会いをきっかけに〝里山バンド・百生一喜〟を立ち上げてイベントなどで一緒に演奏したり、私たち夫婦でやっている〝みんなの家・農土香《のどか》・子どものいなか体験教室〃で子どもたちと田んぼの生きもの調査をしてもいただいた。

その原耕造さんが逝去され、また、コロナの発生にともなってバンド活動の休止を余儀なくされ、生物多様性の世界からも少し遠ざかっていた。この時点では生物多様性が喪失されつつあることは知っていたものの、ティッピング・ポイントを超えていることはまだ認識していなかった。

そうしたところが2022年、オーガニックエクスポの懇親・交流の席でたまたま公益財団法人日本自然保護協会の藤田卓さんとお会いしたのをきっかけに、藤田さんに銀座農業コミュニティ塾の番外編として開催している「今夜はご機嫌@銀座で農業」なる小さな勉強会の講師として来ていただき、生物多様性という視点からの基本法見直しについてのお話をお聞きした。この時に改めて生物多様性の減少について考える際の大きなポイントが農地にあることを認識させられた。

農業の近代化で生物多様性の喪失

農地はそもそも森や湿地であったところに人為を加えたものであり、生物の目から農地を見ればそれは本来の生息地の代替環境ということになる。そもそもは生物の多くは森や湿地で生命をつないできたものであるが、それが農地とされることによって変化した環境の中で生命をつなぐ営みを繰り返してきた。農地が一定程度の面積にとどまるまでの間はまだ森や湿地も残り、農地が加わることによってかえって環境は多様性を増加させてきたのであり、最も生物多様性の高いところとして里山があげられる所以だ。

それが農地が拡大されることによって森や湿地は減少し、生物多様性を低下させてきた。一定程度の森や湿地が残されていた頃の農業は生業としての農業が多くを占めていたが、農業の近代化にともなって産業としての農業が展開されるようになって、効率化・生産性向上を求めて地域全体が農地化され、経営規模・一枚一枚の農地面積が拡大するとともに、耕作面積の規模も拡大されてきた。

これにともない、大農機具を使っての耕作が当たり前となり、また農薬や化学肥料を使うことも増加してきた。これが生物との共生を妨げ、生物多様性の喪失を招くこととなった。さらに担い手の減少が農地面積の集約化、1戸当たり農地面積の拡大をもたらしただけでなく、耕作放棄地の増加にもつながってきた。この耕作放棄地の増加は一見すると自然に戻っていくようにも考えられるが、実情は生物多様性の低下をもたらしているそうだ。

生業としての農業が残っているところが多いのが里地里山である。

「里地里山は森林や水田・溜池といった多様な環境が入り混じった複雑な環境で、人間活動の影響を頻繁に大きく受ける陸域の二次的自然で、人工のビオトープではなく、一まとまりの生態系（目安として30~100ha）」を内容とする。まさに森—里—川—海の循環の重要な、概して上流部分を担っているものであり、この循環を活かして生業を成り立たせているということができる。その生業の基盤となっているのが水田であり、この水田が代替環境として生物の多様性に大きな役割を果たしているものであり、生態系サービス提供の主役ともなっている。

ちなみに、生態系サービスは、①基盤サービス（栄養塩の循環、土壌形成、一次生産、その他）、②供給サービス（食料、淡水、木材および繊維、材料、その他）、③調整サービス（気候調整、洪水制御、疾病制御、水の浄化、その他）、④文化的サービス（深部的、精神的、教育的、レクリエーション的、その他）という四つの機能に分類されている。

こうした生態系サービスは農業の持つ多面的機能ともほぼ重複しており、生態系、生物多様性を保全していくことの重要性を具体的に示しているともいえる。

水田は湿地や草地の代替環境

里地里山、すなわち森—里—川—海の循環の概して上流部分を担っている農地、特に水田は、湿地や草地の代替環境となる。植物や昆虫の生存に欠かせない存在であるが、農地・水田を含む里地里山は、森での生活から草地を経て平場に住むようになった人間という生物にとっても欠かせない代替環境であり、まさに里地里山、農地・水田は植物や昆虫と同様に人間にとっても必要な代替環境、〝場〟であるということができる。その場はお米、農産物を供給することによって、食料安全保障の維持・確保にも直結しているのである。

　このように「代替環境」「生態系サービス」という概念をもって、主として中山間地域に散在する里地里山という具体的な地域を思い浮かべた時に、生物多様性が急にリアリティをもって迫ってくるような感じがする。里地里山は国土面積の約4割を占めているともいわれており、ご縁のある里地里山に各々が足を運んで、棚田での作業に加わりながら、棚田を守り、景観を大事にしていくことが、生物多様性の保全・再生の活動そのものにつながっていくことが理解できたように思う。

命は借りもの――林金次語録

　JR中央線で新宿から特急かいじに乗って1時間ちょっとすると笹子トンネルに入る。このトンネルを抜ければ広がる甲府盆地を見渡すことができる。甲府盆地に入って最初に停まるのが塩山《えんざん》駅となる（一部は、その手前の勝沼ぶどう郷駅に停まる電車もある）。

　この塩山駅から甲府盆地の北東に走るのが国道411号線、いわゆる青梅《おうめ》街道である。急な坂道を車で15分ほど走ると、大菩薩峠の登り口手前の重《おも》川に沿って棚田が点在する。そこに「洗心道場」がある。道場といっても特別な建物があるわけではなく、土間と調理場を兼ねた空間と、食事や休憩もできる畳敷きの大部屋が一つ屋根の下に続いてある。

田植え、イネ刈りは洗心道場で

　筆者は30年ほど前に塩山の近く、山梨市牧丘町にある400坪の竹藪を購入して開墾した自らの畑を〝キッチンガーデン〟として自然農法で野菜と花を栽培してきた。

　これを「生命の畑」と呼んで週末農業を続けてきた経過もあり、20年ほど前から東京を中心とする子

みんなの家・農土香のイネ刈り後の集合写真（洗心道場＝山梨県甲州市）

どもたちを対象に、民家を借りての「みんなの家・農土香」での「子どものいなか体験教室」を、隔月で開催してきた。しかしながら、自らは田んぼを持たないことから、この10年以上、田植えとイネ刈りは洗心道場を利用させていただいている。

洗心道場は、雲峰荘という温泉宿の社長である林金次さんが主宰して２０００年に活動を開始したものだ。洗心道場の周りにある田んぼや畑を耕作・管理しているが、出入りは自由で、お年寄りを主に、いろいろの人たちが来ては農作業をしていく。別に割り当てや分担があって農作業をするわけではなく、勝手に状況を見て自分ができることをやっていく。

その合間にお茶を飲みながら林さんとやり取りしながら、林さんが訥々とされる話に耳を傾けていく。その林さんは２０２０年の1月に90歳を間近にして急逝されたが、林さんの話の基本にあるのは自然と農業と人間を一体的に捉えた生き生きした独自の「野良の哲学」とも言うべき世界観であり、実に深く、事あるごとに思い浮かべる。

林さんのご逝去にともない、お世話になったお礼、お香典代わりに、林さんにお会いする都度、そこでいただいた話を書き留めておいたメモを整理して『林金次語録　基本を尊ぶ～おじいちゃんが君たちに伝えたいこと～』なる70頁ほどの小冊子にとりまとめて、ご遺族をはじめ洗心道場などに関係する人たちに配布させていただいた。

深い自然観・人間観

ここでは、その中から自然、農業、人間などに関する話を原文のまま抜粋し、林さんが自然や人間をどう捉えていたか見てみたい。

〈命〉

- 命も借り物、返すもの。
- 自分のものではない。どうにもならない。

〈自然〉

- ３６５日、お天道さまに使ってもらう。
- 自分が作るのではなく、自分は稲にイモに使ってもらっている。
- お天道さまは絶対にウソはつかない。
- 稲も里芋もウソは決して言わない。
- 人間は自然界から相手にされなくなった。
- 自然の大事さ、ありがたさを人間は忘れてしまった。自分のものは何もない。
- 動物はともに生きる、協同してやる。利口な人間ほど馬鹿になって苦しんでいる。人間ではなく、おれは畜生。人間だと他人と違っていると考えることになる。
- 自然のものは種をまかなくても自然にでてくる。
- 自然界は人間には作れない。

〈人間〉

- もっと、もっとで人間は苦しんでいる。
- いらんいらんが人を幸せにする。
- 昔からお天道さまが見ている。人間は無駄なことばかりやっている。
- 馬鹿のほうが幸せ。
- 人間はありがとうを忘れてしまった。
- 欲がなくなれば、人に頼むとやってもらえるようになる。

・いい人になると悪い人には出会わない。
・欲しい、という苦しみ。人間は豊かになって苦しんでいる。
・何もない、明日もないのが人間。
・利口な人は自分でやる。バカは人が助けてくれる。
・人間は自分のことで苦しんでいる。

〈神様〉

・神様はそこにおられる。
・いい人と出会わせてくれるのが神さん。
・お天道さまが一番の神様。銭をくれともいわないで、草、稲、……すべてを作っている。
・神さんはいっぱいいる。神さんは間違った。誤りばかりだ。
・ものはすべて反対。悪口を言う人は神さんだと思え。

人間は自然の一つでしかない

到底林さんの言葉を解説、要約するようなことはできないが、林さんの言葉の根幹にあるのは「太陽と土と水」、言い換えれば自然があってこそ人間は生かされている、という単純かつ明白なる事実である。この自然の一つとしてイネもナスもサトイモも生きている。人間もまた自然の一つであり、自然の一つでしかない。したがって太陽と土と水、イネ、ナス、サトイモに学んでこそ人間はまっとうに生きていくことが可能であるにもかかわらず、人間はイネ、ナス、サトイモを全面的に管理可能と考え、さらに太陽と土と水までも人間が私物化して当然という風潮が浸透している。

この人間も自然の一員であり自然を恵みとして受け取るココロがあってこそ、人間は人間らしく幸せに生きていくことができるはずが、幸せをモノに求めるようになって不幸を増幅し、環境を破壊してきたというのが人間の歴史であり、世界の現状である。まさにこの「基本」を〝尊ぶ〟ココロを大事にし、農業問題も含めて、自然に立ち返ることが、農業見直しの根幹に据えられなければ将来展望をひらくことはできない、そう林金次さんは現在に生きる私たちに語りかけているように思う。

子どもを育てる

林金次さんに関連して小説『大菩薩峠』の著者である中里介山そして洗心道場に込められた思いに触れておきたい。

実は林金次さんは、雲峰荘の青梅街道を挟んで向かい側にある介山記念館のオーナーでもあり、介山記念館建設のために立ち上げた特定ＮＰＯ法人介山大菩薩会の発起人代表でもあった。

中里介山との機縁で記念館設立

中里介山といっても今では知る人も少なくなってしまったが、小説『大菩薩峠』は東京で発刊されていた都新聞《みやこ》などに１９１３年から連載されたもので、幕末を舞台に主人公の盲目の剣士机龍之介が活躍する、未完の超長編の大衆小説・剣豪小説である。映画化、舞台化もされ、芥川龍之介に「百年後に残っているのは、純文学作家ではなく、中里介山ではないか」と言わしめるほどの一大ベストセラーとなったものである。

介山は小学校を出てから電話交換手や代用教員をしながら家族を支え、また独力で勉強を重ねて正教員資格を取得している。

28歳の時に『大菩薩峠』の連載を開始する一方で、39歳の時に児童のための教育機関「隣人学園」をつくり、45歳の時には塾教育と直耕（自ら「直接」大地を耕し、自然から「直接」生きる糧を得る生き方）を合一させた「西隣村塾《せいりんそん》」を出身地の東京の西部、立川と青梅の間、多摩川沿いの羽村《はむら》に開校している。ただし、実質、半年ほどで挫折を余儀なくされたようではある。

林さんは介山と同様に苦労の多い青春時代を過ごすとともに、結果的に介山の生き方を追いかけてきたようにも見える。いくつもの起業、会社経営を経て、雲峰荘を立ち上げるにあたって、雲峰寺の雄禅和尚から、大菩薩に人が来るのは介山のおかげ、介山のようにこの地に人を集めるような仕事をするよう諭されたのが介山とのそもそもの機縁であった。

そしてその後、雲峰荘の順調な経営を実現した林さんは「何らかの形で、介山に恩返ししたいと思っていた」とも語っておられる。

その中里介山と林さんとの縁を結びつける直接的な役割を果たしたのが元読売新聞の記者であり、中里介山の愛弟子でもあった柞木田《たらきだ》龍善《りゅうぜん》氏である。雲峰荘を立ち上げて10年ちょっと経過した頃に、「遺髪と遺品を小説『大菩薩峠』ゆかりの地に残してほしいとの介山居士の遺言に依り、それを実現するために、遺髪を納めた壺と遺品をリックに背負い（大菩薩嶺に）登って来た」柞木田氏が、手持ちの案内ではよくわからず、「夕暮れ間近に迫ってきて戸惑う中で、折よく雲峰荘を見つけ林氏と出会った」のが事の始まりとなった。

「林氏も突然の話で面食らったが、其の熱意にほだされ、何とか実現できる様にと考え、私財を投げ打って協力を惜しまなかった。此れを伝え聞いて、地域の人々は云うに及ばず、遠くは四国を始め、東京、大阪、奈良と多くの心ある人々が進んで浄財を寄付して」すすめられた事業が介山記念館の設立で、1998年に開館した。

自給自足の塾教育を目指して

この介山記念館建設のために立ち上げた特定NPO法人介山大菩薩会は、「中里介山の遺品、その他中里介山に関係のある書跡、工芸品、絵画、遺品等を永久保存し、中里介山の事蹟を検証して、中里介山の遺業の普及啓発を行うことを目的」にしたものであるが、その「中里介山の遺業の普及啓発」をしていくための具体的な実践・活動の場として設けられたのが洗心道場ということになる。

中里介山が究極的に目指したのは、西隣村塾に象徴される「農業を主体とする自給自足の塾教育」だったように思われる。介山は「新しき村」運動の中心であった作家武者小路実篤と奇しくも同年生まれである。

武者小路が宮崎県児湯郡《こゆぐん》に開村したのが、1918年。一方、介山はこれに遅れて1930年に西隣村塾を開いている。介山がこの「新しき村」運動を意識しなかったはずはないが、これとはあえて別の道を歩んできたわけで、庶民的なところに足場を置くとともに、塾教育、特に子どもを重視するところに理由があったのではないか。

柞木田氏は林さんと一緒になって、この西隣村塾を現代に蘇らせようとして介山記念館、洗心道場を構想したような気がしてならない。西隣村塾への介山の思いを林さんの理解で表現したものが、洗心道場であるように思われる。「農業を主体とする自給自足の塾教育」を目指しながら、田植えやイネ刈りの場を子どもたちに提供することによって、子どもたちは太陽と土と水、イネ、ナス、サトイモに学ぶことによって、まっとうな人間として生きていけるよう導いているのではないか。

この6月初旬に田植えは行われたが、農士香の子どもたちや、障がいを持った子どもたちも含めたいくつものグループの、おおぜいの子どもたちの声が谷間《たにあい》に響いていた。

自然との触れ合いが人間を本物に

洗心道場へはJR塩山駅からは重川沿いに青梅街道のけっこうな坂道が続く道を上っていくが、洗心道場を過ぎてさらに上れば柳澤峠を越えて丹波山《たばやま》村《むら》、小菅村《こすげむら》に、そして東京都に入って奥多摩湖を通り御岳《みたけ》、青梅に出る。ところが重川のもう一つ西を流れるのが笛吹川であるが、これに沿って国道140号線が走り、雁坂トンネルを越えると埼玉県に入り秩父となる。この山梨県、東京都、埼玉県が接する地域は、森林美と渓谷美を誇る秩父多摩甲斐国立公園に指定される山岳地帯であるが、秩父をはじめとして県境を接するこの地帯には、日本文化の古層のようなものがまだ残っている。

地の上で暮らすということ

私の好きな俳人の一人に金子兜太がいるが、その金子兜太は秩父の皆野町の出身で、戦地に赴いたり日銀マンとして各地を転勤もしているが、定年後は熊谷に居をかまえ、98歳で往生するまで長らく熊谷に住んだ。兜太が48歳の時に、奥さんが「地の上で暮らしていないと、あなたのような男は駄目になる」として故郷に近い熊谷を選んだという。兜太の俳句を読むと、やっぱり秩父の人だ、としみじみ感じる。

曼殊沙華どれも腹出し秩父の子

白梅や老子無心の旅に住む

水脈《みお》の果て炎天の墓碑を置きて去る

湾曲し火傷し爆心地のマラソン

朝はじまる海へ突っ込む鷗の死

ぎらぎらの朝日子照らす自然かな

麒麟の脚のごとき恵みよ夏の人

言霊の脊梁山脈のさくら

定住漂泊冬の陽熱き握り飯

ここにあげた俳句は、兜太と俳人黒田杏子との対談を収めた『語る兜太』の各章ごとの扉に兜太が手書きした自らの俳句である。特徴のある太字で書かれているが、まさに武骨であると同時に、洒脱でユーモラス、人情味にあふれており、その太字と俳句がハーモニーして俳句のよさを引き立たせてもいる。

その兜太は『金子兜太　私が俳句だ』で、「アミニスト」（精霊崇拝者）を自称している。兜太は漆によくかぶれたようであるが、淘汰が小学校6年生の時に、叔母さんが「兜太、お前は漆の木と結婚しろ」といって、漆の木に酒をかけ、その酒を猪口に注いで飲ませたらしい。そうして兜太は漆と結婚してからはもうかぶれることはなくなったという。

「漆も樹液も生き物である。そして人間もまた、生きているという点では漆と同じだ。このアニミズムに根ざした生きものの感覚を、秩父という山国で育った私は、子どもの頃から体にしみこませてきた」という。そして「人間は本来、誰もがアニミストなんです。けれども、それに気づいていない。もっと生きものの感覚を磨くことだ。もっと、自由に、勝手に、平凡に生きればいい。アニミストとして、生きものを大事にできる人間におのずからなってほしい。そう思います」と語っている。

自然と人間との本来の関係は、生半可なものではなく、自然を知識だけで理解することなどとうてい不可能であり、体験教育の必要性・重要性が示唆されるわけであるが、かといって決まった体験学習プログラムを受講することによって把握できるような安易なものでも決してない。

それは、自然の中に身をさらし自然と対峙することなくしては決して体感し獲得することはかなわないという性質のものである。体験教育という以上に、森の幼稚園や山村留学などに見られるような、一定の環境の下での徹底した丸ごとの体験の場、生活空間が必要とされるようだ。

生きていくのに欠かせない〝直観、感じ〟

そうしたところからしか得られない〝直観〟というか〝感じ〟が生きていくうえに絶対に欠かせないのであるが、兜太は『金子兜太　私が俳句だ』で、1941年の真珠湾攻撃が開始されたとのラジオ放送を聞いた時の心の内を振り返って次のように語っている。

「不意打ちなんていうものはうそです。もちろん、狙いは不意打ちなんですよ、でも実は不意打ちなんかじゃない。なんとなくわかっている雰囲気の中で、戦争が開かれた、ということなんですね。

ああ、いまの空気に似ていると思いますか。いまの空気を『やだなあ』と思いますか。どんなときに思いますか。

わかりますか。ええ。感じるでしょう。戦争っていうのはそういうもんだね。

私なんかもそう思う。これから始まることのような気さえする。
あれは、決して過ぎ去ったことじゃないと思っています。それを感じてほしいですよ。そう願いますよ。『私たちの時代に来るんじゃないか』と感じてほしい。いや、『感じてほしい』じゃない、『そんな時代にしてはいけない』と思ってほしい。注意してほしいと、そう思います」

ほんの少し前までは、日本では食料は自国で生産しなくてもいい、輸入でいくらでも調達可能であり、経済効率も上がるから、安定した輸入ができる関係の構築が大切などの〝暴論〟が幅を利かせてきた。それが一転して、今は食料安全保障、国土安全保障が重要と叫んでいる。

アメリカやブラジルなどの作柄や価格動向が重要であり、これに対応して国内生産の効率化や規模拡大が大事であることはそのとおりであるが、それ以前に日本の生産現場は大丈夫なのか、田んぼや畑は手入れがされずに荒れてはいないか、高齢化がすすみ、若者は都会に出て担い手が減少している農村の窮状を思い浮かべる感性がまずは必要なのではないか。いくら良好な輸入関係を構築しても、その輸出する国自体が食料不足となれば自国内への食料供給を優先せざるをえないことは明々白々であり、だからこそ一定の食料自給率の確保、食料安全保障を欠かすわけにはいかない。

兜太のいう「感じてほしい」「そんな時代にしてはいけない」はまさに現在の食料・農業事情にもしっかりと当てはまるものだ。そうした感性は自然の中に身をさらし自然と対峙し、体で感じることでしか獲得できないのではないか。未来をつないでいく子どもたちに、本物の体験をさせていくことは最重要課題の一つであることを確信する。

〝産土〟の日本農業へ

熊本県の北部、福岡県に接して和水町《なごみまち》という素敵な漢字と読み方を持つ町がある。昔からこの名前の町があったのかと思って調べてみると、菊水町と三加和町が合併し、菊水町の水と三加和町の和をとって町名とし「なごみまち」と呼ばせているようだ。

この和水町に花の香酒造なる酒蔵があり「花の香」の銘柄でお酒を生産・出荷している。筆者は1991年から94年にかけて2年7か月ほど転勤で熊本で暮らしたことがある。県内も含めて九州・沖縄の日本酒、焼酎、泡盛を飲みあさったが、「花の香」は知らずに東京に戻ってきた。それがコロナ発生の直前頃であったと思うが、都内某所のたまたま入った居酒屋で出会いを得た。

カウンターだけ、料理は二、三品のつまみのみ。あくまでお酒で勝負、という居酒屋であった。季節等により出される酒は頻繁に代わるようで、その日の一番のおすすめを注文したところ出てきたのが「花の香」であった。端麗で、甘味と酸味のバランスもよく、香りはやわらかで品があり、まさに極旨。亭主に聞いたところ、これはなかなか手に入らず、しかも今飲んでいるのが最後の一本だという。

本当は在庫がまだあるかもしれないと勝手に期待して、半月ほど間を置いてまた出かけてみたが、残念ながらなく、入荷の見通しもないとのこと。どうしても手に入れたくて、熊本時代にお世話になったT氏に電話して、熊本から送ってもらって堪能した、という忘れられない逸品である。飲んべえの話はここまで。

六つの生産風土

金子兜太が「アニミズム」とならんでよく使う言葉の一つに産土《うぶすな》がある。この「産土」についてネットで検索してみたところ、何と真っ先に出てきたのが花の香酒造で、驚いてしまった。産土は産まれた土地の守り神をいうが、花の香酒造はこの「産土」を「六つの生産風土」として独自の展開をしており、ひどく興味をひかれたのである。あげられている六つは、地、水、米、導、祈、還である。その説明を列記してみる。

地・水……「地」和水町の大地と、そこに湧き出る「水」には阿蘇と火砕流岩盤の地下水の、深く結びついた共通の物語があります。米と酒造りのように、水を同じくするもの同士の相性の良さ。「水が合う」ための水源や水質を守り続ける環境保全活動は、最も重要な取り組みです。

米……日本酒は作物により近い存在であり、酒のおいしさは土地の自然から導かれなくてはならないという考えから、自然農法、酒米すべてに土地の米である産土米を使用する取組を行っています。在来種「江戸肥後米」の探求から「ubusuna」が誕生しました。

導（みちびき）……日本酒は人が技術を造るものではなく、自然の力を信じ、導き、醸すものという「技術や人の関わり」に対する独自の取り組みです。多くの選択と可能性をとおして、技術がその導きを助け、また時には失敗も大切な導きとなります。

祈・還（かえり）……「祈り」では農や酒造りとともにある農耕儀礼や祭り、神事をとおして精神性や価値観の共有を行い、土着の伝統文化や食文化の継承にも積極的に携わっていく活動を続けています。「還」は私たちの酒蔵は常に「土着」という原点へ還る循環とともにあること、その循環を土地の人々とともに守り絶やさないことをミッションとした取り組みです。

何という哲学であろうか。大地とそこから湧き出る水の深く結びついた関係の重視。水源や水質を守るための環境保全活動への取り組み。酒のおいしさは土地の自然の味であり、その土地の米栽培は自然農法に行き着く。

酒は、人が技術をつくるものではなく、自然の力を信じ、導き、醸すもの。農耕儀礼や祭り、神事をとおして精神性や価値観を共有。そして酒蔵は常に「土着」という原点へ還る循環とともにあり、その循環を土地の人々とともに守り絶やさないことをミッションとしている、という。

土着の風土への愛着、祈りの精神

先にFAOが推進しているアグロエコロジーを取り上げ、その10の要素を紹介しているが、グローバルな世界につき、その要素については抽象的にしか語れないことは理解できないではない。そこでの抽象の世界が、花の香酒造の「六つの生産風土」として具体化され、見事に表現されている。

その原点にあるのが「産土」に込められた、その土地に対する土着の風土に対する愛着であり、祈りの精神である。

そして、この産土という概念、思いこそが今、日本農業に最も必要とされるものなのではないだろうか。大規模化・効率化という競争原理をエンジンにしながら日本農業を変革しようとするのではなく、産土に帰り、風土・自然を生かし、地域の循環を守り、お祭りや神事などの農村文化と一体となった農業であってこそ持続可能であり、農村の魅力は増し加わる。

こうした日本らしい日本農業を目指すべきではないか。日本らしい、日本でしかできない、おのずと差別化されたものとして、世界の農業と競争ではなく棲み分けし、共生していく。各国の食料主権を尊重することになるとともに、世界の食料安全保障にもつながるものである。

そして、当然のことではあるが産土に帰るということは、水田でつくられるお米を中心とする日本型食生活の見直し・再評価、食文化の重視と一体となることは言をまたない。

「花の香」を飲んで感動したが、花の香酒造の哲学に出会ってまた感動を深くした。「花の香」に乾杯！

花の香。ラベルの流れるような筆さばきが、酒のおいしさを引き立てる

日本人と縄文文化・精神

歴史学者小林達雄の『縄文の思考』によれば、1万5000年前までの氷河時代（更新世）の旧石器文化を第一段階、1万5000年前以降、完新世とされる新石器時代を第二段階、18世紀以降の産業革命にともなう高度産業化社会を第三段階とする「三段階説」を唱える歴史学者が多く、その第一段階から第二段階への移行は、農業がその本質的な要素とされているという。

そのうえで縄文文化については「明らかに旧石器文化の次の段階であるにもかかわらず、本格的な農業をもたない縄文文化は新石器文化の範疇から除外され、継子扱いにされて来た」ことに不満をぶつけている。そうではなく、縄文文化を念頭に「第二段階には本格的な農業をもつ文化と農業をもたない文化の、相異なる二つがある」と指摘し、縄文文化を再評価し、新石器文化の一つとして縄文文化を位置づけるべきことを主張している。

水田稲作の展開

ここで食料の調達の歴史について確認しておけば、旧石器時代は狩猟・採集・漁撈によっており、世界全般としては1万5000年前に農耕が行われるようになって新石器に移行したとされる。

日本の場合、1万5000年前から始まったとされる縄文時代は、本格的に水田稲作が展開されるようになった弥生時代に移行するまでの間、漁撈も含めた狩猟・採集を主としていた。農耕は部分的にとどまり、早期から中期にはヒエ属とアワの原始的な栽培が始まり、後期から晩期にかけて麦類とキビなどの栽培が開始されたと推定されている。すなわち縄文時代の農耕は、半栽培、農事慣行としての火入れを利用して畑（畠）作が行われるようになり、縄文後期・晩期には大麦、ヒエ、アワ、キビなどの雑穀が栽培されるようになった。

そして木村茂光編『日本農業史』によれば、縄文時代の後期後半の西日本では米も含めた穀物の栽培が行われていたことは確実視されるとしているが、この時期のイネは畑で栽培されていたとする。それが紀元前９世紀頃に朝鮮半島から水田稲作が北九州に伝わり、時間をかけながら日本列島に広がったもので、北九州から中国・四国そして近畿の一部に広がり、弥生時代前期後半には青森県弘前市付近でも水田稲作が行われるようになったとされる。とはいえ、弥生時代になっても水田稲作と畑稲作とは地形環境に応じて分業化し、併存していたとする。

そこで小林達雄は、縄文文化が第二段階に移行した大きな要素として定住生活をあげる。定住することによってムラが形成されると同時に、ムラを取り囲む自然環境をハラとし、「ハラこそは、活動エネルギー源としての食料庫であり、必要とする道具のさまざまな資材庫である。狭く限定されたハラの資源を効果的に使用するために、工夫を凝らし、知恵を働かせながら関係を深めていく。／こうして多種多様な食料の開発を推進する『縄文姿勢』を可能として、食料事情を安定に導いた」。そして「ハラを舞台として、縄文人と自然とが共存共生の絆を強めてゆくのは、自然資源利用の戦略にとどまるものではない。利用したり、利用されたりという現実的な関係を超えて、思想の次元にまで止揚されたのである。一万５０００年前に始まり、一万年以上を超える縄文の長い歴史を通じて培われ、現代日本人の自然観を形成する中核となった」とする。

さらには「一万年以上にわたる長期に及ぶ縄文の歴史に根ざす日本的心における自然との共存共生の思想に対して、土地を利用し、ひいては自然を征服するというような思想に根ざすヨーロッパ近代以降の合理主義の発達との、際立った対照につながってくる」として、日本人とヨーロッパ人、日本文化と西洋文化の根本的差異は縄文文化に由来することを述べている。

さらに付言しておけば、狩猟・採集から農耕へと徐々にシフトしていったのであるが、考古学者で旭川市博物館館長の瀬川拓郎は『縄文の思想』で、「弥生文化が縄文文化を駆逐していったのではなく、各地の縄文人が弥生文化を受容」していったとする。すなわち縄文文化から弥生文化へと一転したのではなく、縄文文化を土台にしながら弥生文化が移入し、弥生文化へと変化してきたとする。

自然観を保持しながら農耕化へ

これについて、『近世日本は超大国だった』の著者草間洋一は「なぜ農業革命の〝拒否〟から〝受容〟に転じたのか。水稲稲作を受容した直接的な原因と背景は、縄文時代後期からの気候変動、すなわち寒冷化の進行にともなう自然の生産力の低下であろうと考えられている。加えて、朝鮮半島をはさむ活発な文物の往来である。そこから弥生時代に入り、水稲稲作による農業革命を迎える。だが、それまで1万年以上も続いてきた縄文文明は駆逐され、解体されたわけではなく、徐々に弥生の文化を吸収・受容し、両者は融合していった」と述べている。〝縄魂弥才〟というか、縄文人の持つ自然観・価値観をある程度保持しながら農耕化していったとの見解を示している。

この〝縄魂〟は弥生時代をはるかに超えて現代のわれわれにもまだいくぶんかは残存しているのではないか。この縄文時代の狩猟・採集・漁撈を中心とし、半栽培による農耕によって雑穀を生産しながらも本格的な栽培による「農業革命」を控えてきたところに日本人の自然観が濃厚に反映されており、これがわれわれの奥深くにいまだ残っているように思われる。

これに関連して、縄文時代の自然信仰を重視しての歴史学を展開する戸矢学は『縄文の神』で、縄文時代に集落が成立したのは二つの要件が充足されたからだとして、一つは食料の安定確保であるとし、第二に信仰による精神の安定確保をあげている。

そして縄文の信仰としてヒモロギ信仰（森）、イワクラ信仰（岩）、カンナビ信仰（山）、コトダマ信仰（言葉）、ムスヒ信仰（霊）の五つをあげている。森、岩（磐）、山は自然であり、そして言葉と霊は「言霊（コトダマ）」として「人と草木は仲間」、山川草木悉皆成仏・山川草木悉有仏性とするものであり、いずれも自然に神を見る基本思想、アニミズムである。戸矢は「現在の私たちよりはるかに信仰心の篤い縄文人が、暮らしの中に『信仰』を表現しないはずがなく、むしろ彼らの暮らしは常に『信仰』と一体であったに違いない」ときわめて重要な指摘を行っており、また、ここに日本の考古学会の限界があると批判してもいる。

確かに、縄文人の精神世界は自然と一体化した豊穣な世界、まさにアニミズムの世界であるとともに、産土と呼ぶにふさわしい世界が存在していることを直視せずして縄文人、縄文時代を語ることはできないであろう。縄文時代には文字がなかったということで貧しい精神世界を想定しがちであるが、そこには言葉と霊があり、深い知恵が存在していたことは間違いなく、物質的にはともかく、精神的にはわれわれの想像を超える豊かな世界が広がっていたのではないか。

それはわれわれの深層に深く刻み込まれており、近代化、都市化がすすむ中でも日本人の心の中に希薄化してしまっているとはいえ確かに残って存在しており、それが諸外国の自然観との違いとして表出しているのではないかと感じるのである。

自然に触れることの必要性

このところ、自然体験や農業が子どもの成長や人間の心身の健康によい、とする調査報告がいろいろと出されている。

その一つとして文部科学省委嘱研究「学習意欲に関する調査研究」（２００２年）では、「自然に触れる体験をしたあと、勉強に対してやる気が出る子どもが増える」としている。また、独立行政法人国立青少年教育振興機構の「青少年の自然体験活動等に関する実態調査」（２００５年）では「自然体験の多い子どもの中には道徳観・正義感のある子どもが多い」ことが報告されている。

関連して市民が農業参画する効果・メリットについての調査であるが、ＪＡ全中（全国農業協同組合中央会）は順天堂大学、ＮＴＴデータ経営研究所と共同で行った「体験農園のストレス軽減効果の検証について」（２０１８年）の調査結果を発表している。

農作業の前後に被験者からの唾液採取によるホルモンを計測したもので、アミラーゼが減少＝農作業でリラックス状態に、コルチゾールが大幅な減少＝高いストレス軽減効果、クロモグラニンが緩やかに減少＝短期的なストレスに緩和効果、オキシトシンが緩やかに増加＝農作業で幸福度が増進、という効果があることを明らかにしている。

また、『自然欠乏症候群』なる本も発行されており、富士山麓の朝霧高原で地域医療に取り組む著者山本竜隆によれば、病気ではないのに具合いが悪い人が増えており、その人たちを健康に戻す決め手は「自然」に触れるところにあるとして、こうした症状を一括して「自然欠乏症候群」と呼んでいる。その処方箋として①自然を体感する、②自分に合った場所を見つける、③興味のあるジャンルで楽しむ、④「できる時間」で対応する、⑤タイミングをつかむ、の五つをあげているが、その真っ先に自然を体感する、をあげている。

それは、自然の中では「人間はあまりにも非力で、弱い存在」であるとともに、自然の恵みも脅威も万人に平等に降りかかるのであり、「だとしたら人間にできることは、恩恵も脅威ももたらす自然に対して、畏れと感謝の念をもって接することしか」なく、「そのことで人はより一層深く心が鎮まり、真の癒やしを得ることができる」との見立てによる。

ダーチャで土に触れ、森に入る

これに関連してダーチャに触れておく。ダーチャについては日本でもけっこう知られるようになってきたが、ロシアの都市住民の多くが週末を過ごす都市近郊にある宿泊可能な建物のついた６００㎡の広さを基本とする菜園のことをいう。

ジャガイモの自給で飢えをしのぐ

２００８年と09年にサンクトペテルブルクとモスクワ近郊にあるダーチャを訪問したが、野菜を主とするもの、花を主とするもの、ほとんどを芝生の遊び場にしているものなど、その土地利用は様々であった。ソ連が崩壊してロシアとなった時には、モスクワなどの都市にある食料品店には食べ物を求めて長蛇の列ができるほどに食料は不足したことが報じられた。しかしながらそうした食料不足を救ったのがダーチャで、都市住民はダーチャでジャガイモづくりに励み、ジャガイモを自給することによって飢えをしのぎ、この食料不足の時代を乗り超えたとされる。

　この時にはジャガイモの90％以上はダーチャで生産されたといわれる。食料事情が改善するとともに

モスクワ近郊のダーチャ。
野菜や花がいっぱい

ダーチャでの生産はジャガイモから野菜、そして花へと移ってきたらしい。

　そもそもダーチャは、帝政ロシア時代に貴族が郊外に別荘を建てたのが始まりのようである。その後、ソ連時代に入ると仕事で功績をあげた労働者に都市近郊にある土地を供与するようになって、土地をもらった人たちが協同して団地化し、道を開き、水道や電気を引いてダーチャをつくってきた。

　この労働者にダーチャのための土地を与えることにした理由は、ソ連となって重工業化が急速にすすめられる中、労働者が次第に活力を喪失するようになったことから、これを防ぎ、労働者が活力を取り戻して労働生産性の向上をはかっていくところにねらいはあったとされる。すなわち、なぜ元気がないのかいろいろ調査を行い原因を究明した結果、労働者の大半は農村から都市に出てきた人たちであり、土に触れたり自然の中で過ごすことがなくなってしまったところに活力喪失の基本的原因がある、ということがわかったという。

　そこでダーチャを推進し継続的に拡大をはかって

きたそうで、諸事情で週末郊外に出向くことが難しい人や、金持ちはダーチャではなく別荘を持っている人も多く、これらを除外すれば現在では都市住民のダーチャに対する需要はほとんど満たされているという。

週末の畑仕事で生気をよみがえらせる

このため大都市近郊の道路は、金曜の午後そして日曜の午後は都市にある自宅とダーチャを往復する車の渋滞がすさまじい。2、3時間、あるいはそれ以上をかけてでも週末はダーチャで過ごし、ダーチャでの畑仕事、土いじりが都市住民の生気をよみがえらせ、一番の休養になっていることを示している。

付言しておけば、いくつかのダーチャを訪問し宿泊してきたが、ダーチャで過ごしている間に必ずといっていいほどに案内してもらったのが森である。

ロシア人は森にいると落ち着きと生気を取り戻すようで、夏には森にテントを持ち込み仲間たちと何泊かキャンプをしながら飲んだり歌ったりするようだ。彼らと行動をともにして痛感するのは、彼らは歌がとにかく好き、よく歌うということであり、また森のそばにある泉、そして小川に限りない愛着をもって接していたことがとても印象的であった。

筆者もよほどのことがないかぎり週末は畑仕事をするため、山梨に出かける。中央高速を使って片道1時間半。高速の渋滞を避けるため、金曜の夜8時頃に東京を出発、月曜の11時頃に東京に戻るのを基本にしている。

平日、東京で会議や打ち合わせ、デスクワークなどの仕事やボランティアをこなし、週末、畑仕事をするなんて、よくエネルギーがある、タフだと言われるが、実際は全くの逆。自然農法で栽培しているにつき、耕耘の仕事はなく、主は草刈りとなる。エンジンの音とガソリンのにおいが嫌ということもあるが、もっぱら鎌を使っての手作業。鳥のさえずりやそばを流れる琴川の水音を聴きながらの作業を続けていると頭が真っ白になって三昧の世界に入る。そして野菜、植物が生長する様に驚き、畑に遊ぶテントウムシや飛び交う蝶に心ときめかせ、取り立ての野菜の味に感動。

こうした週末を過ごすことによってエネルギーをもらい、平日は東京で頑張ろうと思えるようになる。日本でも少しでも多くの人が週末農業を楽しむことができるよう、日本版のダーチャが構想・展開されていくことを期待したい。

マルクスの自然観・農業観と『人新世の「資本論」』

話は一転するが、ここでどうしても触れておきたいのが、マルクスを中心とした経済学における自然観・農業観についてだ。

経済学における農業の位置づけ

『人新世の「資本論」』は斎藤幸平著で2020年9月に発行され、大ベストセラーになり、今でもけっこう売れているようで、書店に積み上げられているのをよく目にする。表紙には「気候変動、コロナ禍……。文明の危機。唯一の解決策は潤沢な脱成長経済だ」とある。地球温暖化が進行し、生物多様性を低減させる中、資本主義経済はこの危機を乗り越えることができるのか、その危機の解決を求めて晩期マルクスの思想をたずねたものである。

実は筆者にとっても本書は刺激的という以上に、目から鱗の内容でもあり、自らの浅学を思い知らされもしたのである。拙著『未来を耕す農的社会』(2018年)の第3章「経済学における農業の位置をめぐって」では、フランソワ・ケネー、アダム・スミス、そしてカール・マルクス、さらには宇野弘蔵、カール・ポランニー、宇沢弘文などを取り上げて、経済学における農業の位置づけの変遷を辿ってみている。

その切り口として、村岡到の「自然・農業と社会主義」なる論考を取り上げた。村岡によれば、1966年に青木書店から出された『資本論辞典』では「農業」という項目がなく、また、近代経済学も含む岩波書店発行の『経済学辞典』(1979年)にも「農家経済」「農業の資本主義化」「農業(各国)」はありながらも「農業」の項目は置かれていない。

これを踏まえて村岡は、マルクス経済学はもとより、近代経済学の中でも農業は明確な経済学的位置づけを与えられてこなかったのが実情であり、「『資本制的生産様式が支配している社会』に視野を限定するのだから、先のような特質を有する〈農業〉は分析対象から外されるのは当然であった（言及されることはある）」との見解を述べている。

これを受けて筆者は「マルクスは農業の持つ価値を認めながらも、あえて農業を対象から外すことで経済学としての体系的整理をはかろうとしたのではないか。学問に対する厳格な姿勢を貫こうとしたが故に、農業の重要性を認識はしながらも、結果としては農業の軽視を招くことになったのではないか」と述べた。そして「日本農業が存続の危機にさらされているという現実に直面する中、改めて農業と経済学の関係・距離・位置づけが問われなければならない事態にさしかかっている」という言葉で締めくくったのである。

エコロジーの領域と資本の論理

マルクスの経済学は3巻にわたる『資本論』に凝縮されており、第1部は1867年にマルクス自身によって発行され、第2巻と第3巻についてはマルクスの死後、残された1863年から1865年にかけて書かれた草稿をもとに、フリードリッヒ・エンゲルスによって編集・刊行されたことはよく知られている。『人新世の「資本論」』で斎藤は、そのマルクスは第1巻を刊行した後も大英博物館に連日足を運んで、さらなるノートづくりに励んできたこと、森林破壊や資源枯渇などの環境問題、そして「共同体」に大きな関心を持っていたことを強調している。

資本論第1巻を発行した時点で、それまでの草稿も含めてマルクスの経済学は完結したのではなく、むしろ資本論としてまとめた自らの経済学を相対化し、自然や農業を含む高い次元から、持続可能な世界を形成していくために格闘し、思索を積み重ねてきたとする。すなわちマルクスはそれまでの経済学批判として資本論をものしたわけではあるが、「マルクスの経済学批判の体系的意義はエコロジーという要素を十分に展開することによってはじめて明らかとなる」ものであるとしている。さらには「物象化の矛盾はエコロジーの領域において顕在化するのであり、マルクスはそこに資本の論理に対する抵抗の可能性を見出そうとしていた。／その限りで、エコロジーは単に経済学体系における不可欠の一契機であるにとどまらず、資本主義における惑星の普遍的物質代謝の亀裂を批判し、持続可能な未来社会―『エコ社会主義』（岩佐1994：191）―を構想するための方法論的基礎を与えてくれるものなのである」とする。そして農業についてマルクスは、「土壌から一方的に養分を取り去るだけの非合理的農業を『人間と大地との物質代謝も攪乱』として批判するための自然科学的基礎づけ」を、リービッヒの略奪農業批判などから学んだとしている。

コモンや協同組織は不可欠

これらを踏まえて斎藤は「マルクスは自然の限界をはっきりと認識していたがゆえに、より注意深い自然の取扱いを社会主義構想のなかではっきりと強調したのだった。それは自然を私的所有の制度から切り離し、コモンとして民主主義的に管理することにほかならない。『資本論』は未完にとどまったが、それは資本主義のもとでの人間と自然との敵対関係を分析するための方法論的基礎を提供するのみならず、素材的世界の立場から抵抗することを可能にしてくれるのである。それゆえ、マルクスのエコ社会主義は破局を警告するだけの、『終末論』ではない」としている。

こうした斎藤のマルクス理解を前提にすれば、資本論を執筆する頃には「人間と自然の物質代謝の攪乱」を強く認識しており、そのうえで「資本主義のもとでの人間と自然の敵対関係を分析するための方法論的基礎を提供する」ものとして資本論の第1巻を出版したうえで、その後は、自然科学も含めて本を渉猟しながら社会変革を可能にする構想づくりに必死に取り組んできたということになる。

決して農業を軽視したわけではなく、コモンや労働組合などに着目しながら、農業も含めてより持続可能な社会の構築に向けた理論づくりに没頭していたということになる。逆に今日に生きる私たちが社会の変革、農業の見直しについて考えていくにあたって、マルクスはコモンや協同組織は不可欠の要素であり、これらを活用していくことが欠かせないという重要な示唆を与えてくれていると今は受け止めている。

「里山」という創造の原理

自然と調和して生きるための環境として創り出されてきたのが里山である。里山は最も生物多様性に富むところとして再評価されつつあるが、人間にとっても暮らしやすい環境をもたらすとともに、心が落ち着き〝懐かしい〟景観をも提供している。

この里山は、『里山の成立 中世の環境と資源』の著者である水野章二によれば室町時代に形成されたとされる。一方、『縄文の神』の著者である戸谷学は、里山を「水田や畑の中に人家が点在し、その中心に鎮守社があり、村落の形をなしているもの」として概念化したうえで、里山が形成されるまでには木を切った後には必ず植林するという中国・韓国では見られない取り組みの積み重ねがあったことを強調している。この植林をするという風土は、「わたしたちの先祖が縄文時代から長年かけて造り出し維持してきたもの」であり、「わが懐かしき里山の風景も、そうして生み出され保たれている」としている。そして「里山の中心には、必ず鎮守の森、すなわちヒモロギ、神の社がある。氏神神社や産土神社こそは里山の中心だ」と述べている。

中心には鎮守の森があり、後背する山にも植林して森がつくられ、森—里—川—海の循環の中での暮らしを営み続けることが可能となり、また日本人の自然観も形成されてきた。この里山を守るだけでなく、里山というシステムを活かしていく、新たな創造の原理としていくことが持続性の確保のために不可欠な時代にあるのではないか。

第6章

Agro-
Society

生産消費者の増加と農業の下支え

自覚的消費者とＦＥＣの自給圏づくり

農業といえば生産の問題であり、農家そして農村の問題であるのが当然とされてきた。農地法で、農地の取得が可能なのは農家であり、現に耕作・生産をしている者に限られる耕作者主義に象徴されるように、農業は農家・農村の問題として限定的に捉えられてきた。

それが１９９９年の食料・農業・農村基本法で、農業は生産者そして農村の問題であるだけでなく、食料、言ってみれば消費者の問題でもあることが明記された。

生産されたものは消費なくしてその価値を実現することはできないと同時に、生産から切り離されている消費者は適正な価格で安定した供給を受けることなくしてその獲得は困難であって生存も危ぶまれることになり、「消費者は、食料、農業及び農村に関する理解を深め、食料の消費生活の向上に積極的な役割を果たす」（第12条）ことが求められている。そうではありながらも現実は、低食料自給率ではあっても、安い輸入農産物が確保できるというメリットを享受できるのであれば、国産ではなくてもいい、とする消費者の割合が増えてきたことも確かである。

こうした事態に警鐘を鳴らしてきた一人に経済評論家内橋克人がいる。内橋は「何かを買い求めるとき、その『安さ』がだれかの犠牲の上にあるものではないかを見極めてほしい、その上で購入するものを選択してほしい……。その価格が環境破壊や経済格差、人権侵害の原因になっているのなら、買わないことが未来を変える力になる」として「自覚的消費者」なる概念を提示している。

あわせて規制緩和による市場原理主義に立脚した「新自由経済」から脱却していくために、Ｆ（Food：食料）、Ｅ（Energy：エネルギー）、Ｃ（Care：医療・介護・福祉）という生活を支えていくために不可欠な領域での自給を促すＦＥＣ自給圏づくりを訴えた。

内橋は自覚的消費者という概念を提示していくことによって消費者がその「役割」を〝自覚〟していくことをすすめたが、その具体的な取り組みとして打ち出したFEC自給圏づくりでは、その主たる担い手として農協や生協などの協同組合、NPOなどの非営利法人に期待した。

言い換えれば、分離した生産と消費の調和を取り戻すために内橋は、協同組合活動やボランティアによる市民セクターの活動を組み込むことによって生産と消費を調和させ一体化することによる国産増強を目指したということができよう。こうした見方とは別の切り口から「生産消費者」という概念を提示したのがアルビン・トフラーである。

生産消費者の出現という第三の波

アルビン・トフラーは未来学者として有名であり、その著書『第三の波』は一大ベストセラーとなり、情報化社会の到来を予測して大きな衝撃を与えた。

生産消費者の時代の可能性

トフラーは人類の文明を三つの波に例え、第一の波を1万年ほど前の、狩猟などに頼っていた人類の生活を一変させた農業革命。第二の波は、18世紀の工業化による大量生産を開始した産業革命。そして第三の波が、コンピュータ技術がもたらした情報革命であるとする。

第三の波は知識にもとづく経済への移行であり、テクノロジーの変革は社会のあらゆる構造を変えていくことになると強調した。第二の波によってつくられた工業の時代は、規模の経済をもたらし、社会のマス化をもたらすものであった。

これに対し、第三の波によってもたらされる情報化社会は、時間の流れを加速度的にスピードアップさせるとともに、時間を個人的なものへとする変化を促す。あわせて空間概念の変化、すなわちグローバル化の急速な進展をもたらし、さらには資本主義経済の根幹をなしてきた貨幣による「金銭経済」に対し、金銭には置き換えられない価値にもとづく「非金銭経済」を胚胎させるとしている。

この情報化社会は時間のスピードアップをもたらし、時間を個人的なものへと変化させる要素を持つことは確かであり、また「非金銭経済」への移行を促す大きな影響力を持っていることも事実であろう。

ところが、一方ではコンピュータによって規格化による個人の自由抑制をもたらし、「金銭経済」を強化する面も強く、全面的な管理強化を可能にすることによって、むしろ第二の波による工業化の時代をさらに強化させていく役割を担っているように個人的には受け止めている。

昨今話題となっている生成ＡＩ（人工知能）も、人間がコントロールしているはずが、遠からず人間はＡＩにコントロールされるようになることが懸念されてならない。それはともかくとして第三の波によって情報化社会が到来していることは間違いない。

ところで、トフラーが情報化社会とともに到来を予測しているのが「生産消費者の時代」である。生産消費者の増加は、情報化社会の到来以上に大きな社会変化をもたらす可能性を秘めており、その到来を期待している。生産消費者（prosumer）は生産者（producer）と消費者（consumer）を組み合わせた造語であり、「販売や交換のためではなく、自分で使うためもしくは満足を得るために財やサービスをつくり出す人のことで、個人または集団として、生産したものをそのまま消費するとき、『生産消費活動』を行なっていることになる」としている。

トフラーはその具体的な取り組みの例として、日曜大工で家具や家をつくるＤＩＹ（Do it Yourself）をあげており、20世紀終盤には既に社会現象と化しつつあることを強調している。

市民農園、体験農園参加者も生産消費者

日本でもＤＩＹとして家具や家を自らの手でつくる人も増えてはきているが、日本の場合、最も普及し広がっているＤＩＹということであれば市民農園や体験農園ということになるのではないか。

バブル経済が膨張する一方で、都市農地や緑の重

消費者、地域住民が農場の運営に参加し、農作業を受け持つ（なないろ畑＝神奈川県大和市）

要性が認識されるようにもなって、1989年に特定農地貸付法、90年に市民農園整備法が相次いで整備されて市民農園が増加し、これに続いて体験農園が急拡大した。都市農地という農地は10年以内に宅地への転換を求められるという〝継子扱い〟されてきた市街化区域内農地が主ではあるが、市民・消費者が農業に参画する道がひらかれ、農業に参画する市民が増加している。

今、「消費者は、食料、農業及び農村に関する理解を深め、食料の消費生活の向上に積極的な役割を果たす」という以上に、食料の購入・消費をつうじて農業・農村を支え、守っていく「責任」がある、と考える。

この責任を果たしていくために、内橋が強調する「自覚的消費者」として、教育によって「食料、農業及び農村に関する理解を深め」、さらに協同組合などの活動に参画することによって食料を含めて基礎的領域での自給度向上をはかっていくべきとした方向性が、とりあえず農業の世界で、市民農園・体験農園という形で着実に広がりつつある。さらに言えば、これはもはや「自覚的消費者」の域を超えて「生産消費者」の域に移行しつつあるようにも受け止められる。

近代以前は、当然のことながら人間は生産消費者としての存在であったものが、近代化によって生産者と消費者とに分離を余儀なくされてきた。これが第三の波により生産者と消費者とが再び接近しながら、新たな農業像をつくりつつある。

自覚的消費者として教育・学習をつうじて農業・農村を理解していくと同時に、市民農園・体験農園での作業をつうじて農業に「参画」することによって多少なりとも自給をすすめ、しかも楽しく交流していく生産消費者の実現は、時代の流れであり、歴史の必然とするトフラーの考えには共感するところ大である。

生産消費者と自覚的消費者の増加へ

日本農業の持続をはかっていくためには、ＥＵで実施されている所得の直接支払いを日本でも拡充させていくことが不可欠であると考える。

農業は自然を土台にして成立するものであり、全面的な市場原理にさらせば環境に負荷をかけながら効率性を追い求めて規模拡大に走るしかないが、島国で山間部が多く傾斜が激しい物理的条件からして、国際競争力を獲得して持続性を確保することはかなわない。このため、宇沢弘文は農業・農村をコモンズ、社会的共通資本として位置づけ、市場原理から守っていくことが必要であるとした。

所得の直接支払いの財源は当然、国民からの税金となり、消費者の理解なくして導入することはかなわない。また所得の直接支払いの導入は、一方で農産物価格を市場原理にゆだねることによって農産物の価格低下をはかり、消費者にとってのメリット確保をはかろうとする仕掛けと一体となって容認されてきた国際的事情もある。

このため、単に所得の直接支払いを拡充するだけでは、価格競争力に乏しいわが国の農産物が輸入物にさらに侵食され食料自給率の低下を招くことにもなりかねない。所得の直接支払い拡充を容認すると同時に国産、地産の農産物を支持する消費者の存在が日本農業を守っていくための必要条件となる。

なお、所得の直接支払い導入と農産物の市場化をセットさせての導入はEUが口火を切ったものであるが、EUはこの問題に対処していくため、有機農業の推進などにより環境負荷低減対策を強力に展開するとともに、景観の形成に力を入れてきた。環境問題への対処と景観形成への農業の積極的な役割を発揮させることによって消費者、国民の理解を獲得していったことはきわめて重要であり、示唆に富むところきわめて大である。

こうした所得の直接支払い拡充を容認すると同時に国産、地産の農産物を支持する消費者こそが自覚的消費者であり、自覚的消費者を増やしていくために知識教育は必要であるが、知識教育だけでは限界がある。農業・農村を体験し体感していることが重要であり、楽しみながら市民が応援などで農業に参画し、また農村にも足を運んで交流を楽しむ経験を積み重ねていくことが前提となる。

そうした生産消費者を増やしていくことが肝心であり、トフラーが〝予言〟するように、生産消費者は時代が求めるライフスタイルへと化しつつある。日本農業が将来展望を獲得していくためには、一見するとまわり道のようにも考えられるが、自覚的消費者を増やしていくために、生産消費者を意識的に増加させていく地道な取り組みが求められているのではないか。

「農業」の必要条件となる「農」が下支えする世界

これからの日本農業を考えていくにあたって欠かせない重要な概念の一つは生産消費者であるが、これと並んで重要な概念として位置づけたいのが「農」である。農業は自然を利用し自然と折り合いをつけながら進展してきたが、産業として生産性・効率性を重視するようになるほどに、自然と折り合いをつけるというよりは、自然をコントロールするようになってきた。ところが自然をコントロールしようとするほどに環境負荷を増大させることになり、農業の持続性喪失を招いてきた。

この農業の持続性を回復させるために、日本ではみどり戦略を決定し、その取り組み、推進をはかろうとしているが、イノベーションやスマート化といった生産や流通の技術論だけで回復させていくことはかなわない。近代以前、自然と折り合いをつけながら農業が営まれてきたのは、近代化技術が未発達で効率化がおぼつかなかったという側面が強かったことも確かであろうが、農業が生業として、暮らしの要素の一つとして位置づけられていたことが大きく作用していたように考える。「農業」とすると、自然と折り合いをつけてきた農業が持つ多様な要素が削ぎ落とされてしまう。

どうしても救いきれない、これら多様な要素を包含していくためには、「農業」ではなく「農」という概念をもって整理していくことが不可欠になってくる。現実的に「農業」なくして十分な食料の供給は不可能であり、「農業」の必要性を否定するものでは全くないが、「農業」は「農」という世界があってこそ成立も

図 6-1　農業・コミュニティ・自然の関係性

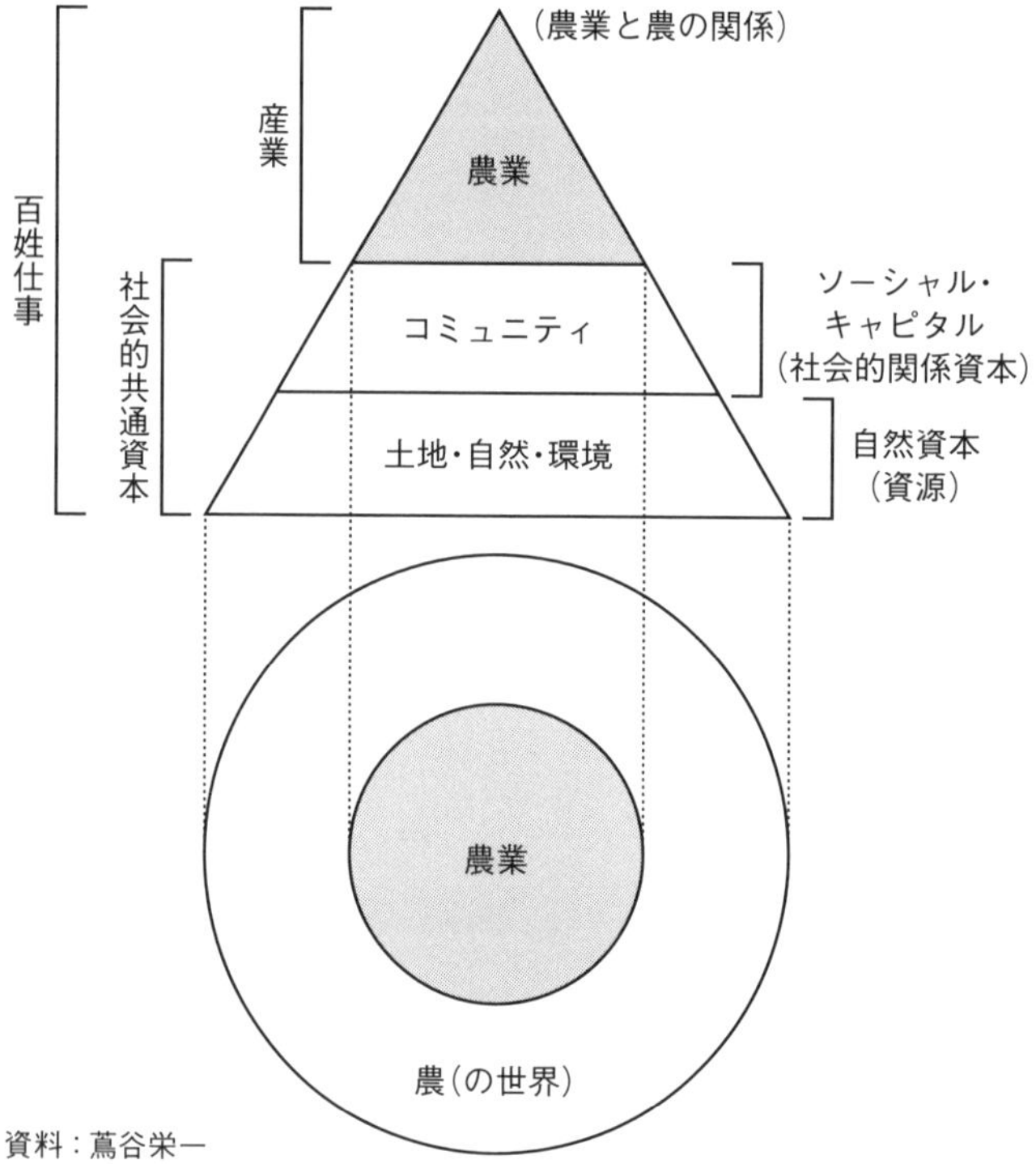

資料：蔦谷栄一

また可能になる。この「農」という視点から小規模農家や移住者、農村コミュニティを重視しながら日本農業を見直していくところに将来展望を描くことが可能になり、そこからしか再生は困難であるともいえる。

図6-2　消費者・市民の農業参画からの農的社会づくり

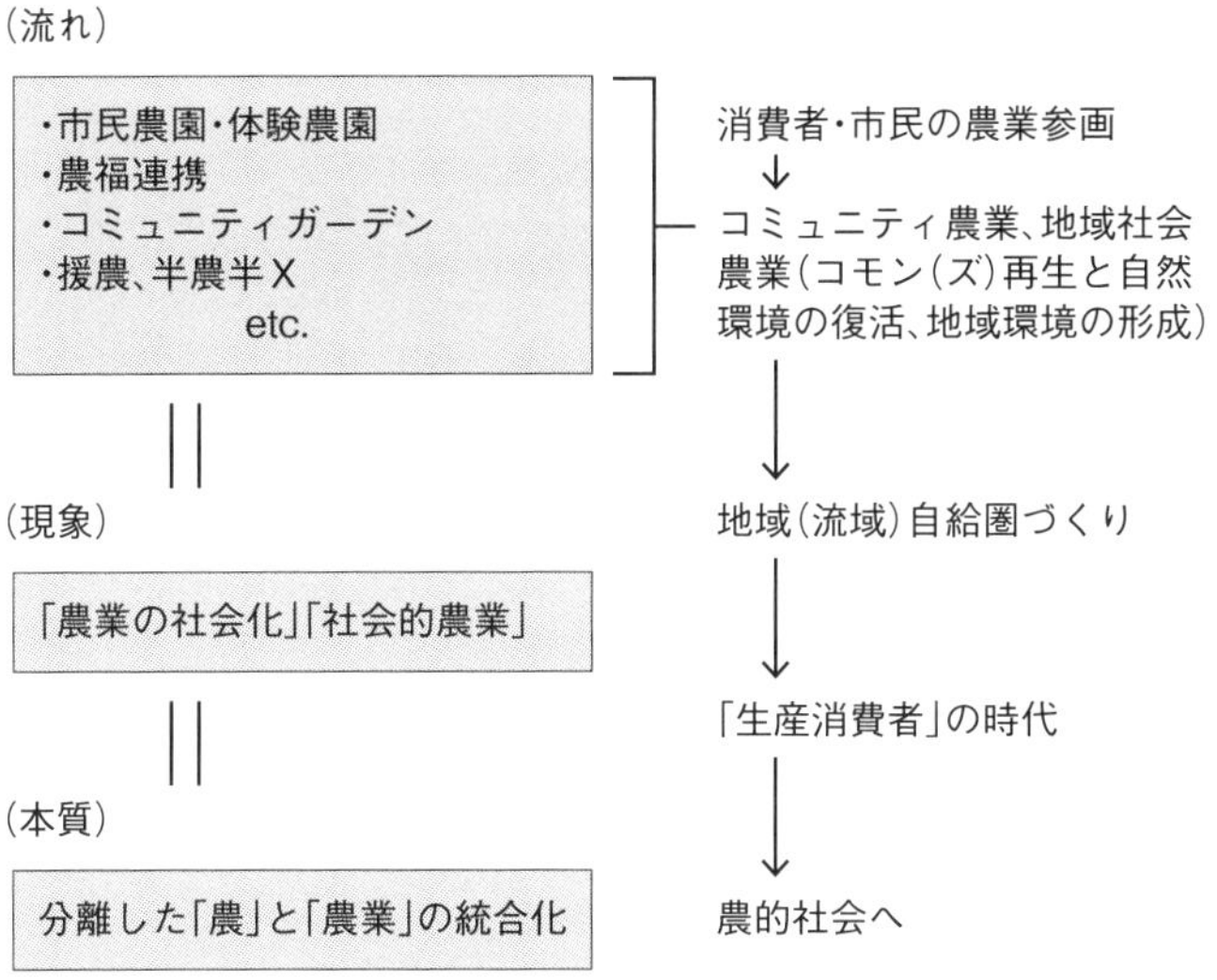

資料：蔦谷栄一

また、生産消費者が参画する農業は都市部が主とはなるものの都市部に限定されるものではない。産業としての農業ではなく、まさに生業や暮らしに重点を置いた「農」という世界であるが、これが「農業」を下支えしていることは明らかである（**図6－1**）。

この農の世界には百姓仕事としてお金になり難い草刈りや水路の整備なども含まれる。産業としての農業は極力これを排除し、お金に直結する作業に時間を集中してきたが、それを可能にしてきたのは小規模農家をはじめとする農村コミュニティの存在があってこそである。まさにイヴァン・イリイチが提起したシャドー・ワークなる概念と類似しており、シャドー・ワークの典型である女性による家事労働はお金を獲得することにはつながらないが、この家事労働があるからこそ夫は外でお金を稼いでくることが可能となる。

このシャドー・ワークを評価していくことが、家族のあり方の見直しにつながり、女性の社会進出を可能にし、社会の活力創出に貢献してきた（**図6－**

2)。農業の世界でも、「農」の世界を認めていくことによって多様な担い手の創出につながることになり、また多様な農業の展開を可能にしていくのではないか。「農業」の担い手確保とともに、「農」にかかわるたくさんの市民・住民・消費者を確保・育成していくことが欠かせない。

果樹農家が楽しみに畑で野菜づくり

週末農業に通う山梨市牧丘町も、ご多分にもれず高齢化は顕著で、農地の流動化にはかなりのものがある。子どもたちのいなか体験教室のために自分の家・畑とは別に、民家を借りて「みんなの家・農土香《のどか》」として、農作業などを体験しながら宿泊できるようにしている。

その建物と周りの農地は家主の所有で、家や野菜畑の管理は家主にお願いし、ブドウの収穫の時期には周りのブドウ畑にあるブドウの木を1本提供いただき、子どもたちはブドウ狩りして、いいものは生食用として農土香でいただくだけでなく、ビニール袋一杯に持ち帰る。すそもの(端物《はもの》)はそこでジュースを搾り、残った果肉はジャムにして、これもお土産にして持ち帰っていた。ところが農土香を借りて活動を開始して20年。家主も高齢になって腰やひざを痛めて農作業ができなくなり、ブドウ畑は近くの農家に貸し出すようになってしまった。

これにともない、これまで家主の特段の配慮でわずかばかりの謝礼だけでやらせていただいていたブドウ狩りも難しくなってしまった。ブドウ畑だけでなく、野菜畑や家の管理もできないということで、私が管理せざるをえなくなってしまい、特に自らの畑と合わせて毎週2か所の畑の手入れが欠かせなくなり、週末だけで一人で処理するのは難しくなりつつあるというのが実情だ。

ところで自分の畑の北隣の畑は、老人ご夫婦が管理していたが、病気で入院したり施設に入られたりで、東京の小平に住む長男がたまに来ては、刈払機を使って草刈りだけはやっていた。ご主人、そして数年置いて奥様が亡くなられたが、長男がこちらに戻って農業をやる気はないだろうと見ていたところ、昨年（２０２２年）の夏近くになった頃だったか、見知らぬ男性が畑におられ、声をかけたところ、「今度、ここを買い取った者だ」との話。やっぱりそうか、という感じで受け止めた。

ブドウ農家による農の展開

新しい所有者のＳさんに話を聞いたところ、ここから車で20分ほどのところでブドウをつくっている農家だとのこと。購入した畑ではブドウではなく、奥さんが仲間たちと一緒になって畑で野菜や花をつくる予定という。その後、たびたび奥さんプラスαの数人が作業をしておられる姿を拝見するようになった。そして２０２３年の6月中旬を過ぎ、キュウリやピーマンなどの野菜もできるようになった頃に奥さんが畑におられるので話を交わしたところ、初物を収穫して今夜は仲間たちとＢＢＱをすることになっているとか。

都会では市民農園や体験農園により農業に参画し、農業を楽しむ人たちが増えてきているが、農村部でも、特に山梨は果樹専業の農家が多いことから、果樹に特化しながらも、楽しみに野菜や花を育て、また畑を交流の場にしている農家がいてもおかしくはない。そうした農家が出始めていることに新鮮な驚きを感じた。これも「農業」をしている人が「農」を展開していく一つのやり方であると納得もした。

これに関連して付言しておけば、農業者が自ら耕作することができなくなると農地を貸し出すケースが多いが、農業者が亡くなって後継者が確保できない場合にはこれを売却することになる。貸出農地がたくさんある一方、これを購入してまで規模拡大をはかる農業者は少ない。

農地を利用できる仕組みの創出へ

しかしながら、売却に出された農地を購入できるのは農地法上、農業者に限られ、非農業者、市民・消費者が購入することはできない。都市農地であればこれを転用して売却するということも可能であるが、農村部、特に中山間地域では一般的には売却は容易ではなく、耕作放棄化されることになりがちだ。

これを都市に住む人たち、市民、消費者でも利用できる仕組みを構築していくことはできないか。

相続税の納付は現金での納付が基本とはされながらも、農地で物納することは可能とされている。徴税する側にとっては物納されても転売が難しく、ましてこれを所有して管理することは困難であろう。そこで農地中間管理機構が入って直接管理できるようにするとともに、農業者だけでなく非農業者にも貸し出し・委託生産を可能とすることはできないものか。これによって移住や田園回帰を促し、市民皆農を当たり前にしていく。日本版のダーチャも可能にしていく。

これは農村部では田園回帰の受け皿づくりになるが、都市部では都市農地の保全に直結する。これによって公共財としての農地の存在を可能にし、さらには公共財となる農地を増大・一般化させていこうとするものであるが、もはやそうした仕掛け・仕組みを具体的に創出していくべき時代に入っているように考える。

イタリアの社会的農業

農業の概念、位置づけが変わりつつあることを強く感じさせられてきたのがイタリアである。日本の農家民宿に相当するアグリツーリズモは、農外収入を確保することによって農家の複合経営を可能にしてきたが、都市と農村との頻繁な交流は、そうした経済的次元を超えて、農村価値の評価獲得に大きく貢献してきた。

地域性豊かな農村の景観とともに、地域の味、マンマの味が都会に住む人たちの心を捉え、これがまた有機農業の流れとも合体して、有機農業面積割合は15・8%（2018年）と小国を除けば実質世界一となっている。そして有機農業への取り組みが環境価値を高め、農村価値の増大へとつながっている。

そのイタリアでは、2015年に社会的農業法が成立することによって、社会的弱者の包摂・雇用創出、食・環境教育、療法的農業など、農業の発揮する多様な社会・保健・教育的機能が広く「社会的農業」として認定されるようになった。

中野美季は論考「移行する世界、変わる農業」で、社会的農業を含む現代イタリア農業は、「従来の『農業（Farming）』を超えた、農業資源、時間、様々な要素が織りなす総体『農業システム（Farming System）』と捉えられ、その生成の鍵は、官民パートナーシップにある」と報告している。そのうえで「イタリア農業は多面的機能を活用して生産者が仕事を編み出す『多機能農業』へと発展した」との見解を提示している。

このようにイタリアでは農業の概念を広げ、農業を社会的活動と一体化させていくことが農業の存在意義を高め、農業の持続性を高めていくことにもなる、との方向性を強めている。イタリアでは、イタリア版CSA（注1）であるGAS（注2）も活発な活動を展開しているが、「社会的農業」はGASの活動とも相まって「農」的世界への転換をリードしつつあるようだ。

（注1）CSA（Community Supported Agriculture）は、地域で支える農業、地域支援型農業

（注2）GAS（Gruppo diiAcquisto Solidale）は、連帯購買グループ

農業の社会化と農業に参画する権利

こうしたイタリアでの政策的に農業を社会化していくという流れとは程遠いのが、わが国の現状ではある。そうした中、有機農業を社会化と一体的に捉えていく視点を提示することにより、日本における有機農業拡大の可能性を探ろうとしているのが、谷口吉光編著『有機農業はこうして広がった』だ。

価値の触れ合いによる価値転換

日本での有機農業面積割合は0・6％に過ぎないとはいえ、「有機農業を一つの社会現象という物差しで見」ることによって、「さまざまな形で広がっていることがわかる」としており、日本で有機農業が拡大していく潜在力が膨らみつつあることを示そうとしているように理解される。

日本有機農業学会で活動をともにする研究者や実践家が、千葉県いすみ市、岐阜県白川市、山形県高畠町、大分県臼杵市の四つの「有機農業のまち」の事例調査を行い、そのうえで座談会による議論が重ねられている。そうした結果、「民間主導型なのか行政主導なのか、地産地消型か対外販売型か、転換参入か新規参入かというような指標で分けると、この4事例がみんな微妙に違っていて……有機農業が地域に広がるにはいろんなパターンがあり得る」ことが確認される。

そして強いて共通項を探ってみると有機農業の「表に出る以前の『前史』にあたる部分は、意図したものではなく、それぞれが必要だと思ったことを積み重ねていた」ものであることが浮かび上がる。その〝小さな取り組み〟が持つ「そういう価値と有機農業の価値が触れ合って価値転換が起こるわけですよね。そのときに、その人自身にとって、有機農業をすることが抜き差しならない唯一の問題になる」、言い換えれば有機農業は「一人ひとりの価値観が変わっていかないことには広がらない」ということにもなる。

日本には有機農業の潜在力、種はたくさん土に埋まっている。この種から芽を出させるには価値観の転換が必要であるが、いかにして価値観の転換を引き起こしていくのか、課題は大きい。そしてこれは有機農業にとどまらず、農業そのもの、日本農業全体についても言えることであるが、そのキーワードとなるのが「農業の社会化」であり、この要件となってくるのが「生産消費者」の創出ということになる。

農的暮らしを取り戻す

図6－2に見るように、市民農園、体験農園、農福連携、コミュニティガーデンなど消費者・市民が農業に参画する流れは太く大きくなりつつあるが、これはまさに「農業の社会化」とも呼ぶべき現象であり、そこで展開されている農業は「社会的農業」と呼ぶにふさわしい。産業としての農業が存在し、プロ農家によって食料の安定供給、食料安全保障が確保される一方で、小農や家族農業に加えてたくさんの消費者・市民が農業に参画することによって自

給化をすすめ農的暮らしを取り戻していく。

これは本来生業として一体であった農的暮らしが、近代化とともに産業としての「農業」として進展しながら「農」的な世界を削ぎ落としてきたものを、改めて統合化・一体化する動きであると見ることができよう。また、これは「農業は農家の専有物ではない」(注3)「すべての人は農業をする権利を有する」(注4)、言い換えれば「国民の農業をする権利」を取り戻す動きでもあると見ることも可能で、農家の農地を前提とした農地法のあり方を問い直すものでもある。時代は螺旋を描きながらすすんでいるようだ。

（注3）徳江倫明「農業は『農家の専有物』ではない」（『alterna』2023年4月号）
（注4）徳江倫明「すべての人に『農業する権利』」（『alterna』2022年6月号）

銀座で農業！

銀座は東京の看板の一つ。一流商店が立ち並ぶ繁華街であり、大都市東京の象徴でもある。今、銀座通りは外国人訪問客でにぎわっている。すっかり銀座のもう一つの看板になっているのが「銀座ミツバチプロジェクト」だ。

看板のミツバチプロジェクト

2006年にスタートし、既に18年目に入っているが、銀座のビルの屋上に置かれた巣箱からハチが飛び出し、周辺の皇居、日比谷公園、浜離宮などから蜜を集めて来る。この蜜を使って銀座で販売されるお菓子などの材料に使われるとともに、バーなどで出されるカクテルに使用されるなど、ほぼブランド化していると同時に、銀座＝都会というイメージだけでなく、銀座＝里山、自然と共生した未来都市というイメージを付加させるなど、銀座を活性化させる大きなエネルギーともなっている。

高安和夫『銀座ミツバチ奮闘記』によれば、もともとは2004年に「銀座食学塾」を立ち上げたのがきっかけで、「銀座は『高いとか、安い』とかだけでなく、生産者の技術と味を、その背景にある食文化を評価し、楽しむ消費者が集まる街」であると

銀ぱち蜜源 MAP には " 緑の回廊 " 建設予定地も書き込まれている
（銀ぱち通信 44 号 2023 年 8 月発行から）

の確信にもとづいて、食と農の勉強会・交流会を始めたのがそもそもだという。

ここ銀座で地産地消を創ろうということで屋上を使って生産品目を考え頭を悩ます中で、出会ったのがミツバチだったという。この出会いが、先に触れたように銀座産のお菓子や飲料に使用され付加価値をもたらすようになったが、一方では屋上緑化にも大きな影響をもたらすことになった。次第に屋上を緑化する流れは広まりつつあったが、せっかく木を植えるのであれば花の咲く木、蜜が採れる木を植えようという動きを引き起こす。

さらには「白鶴銀座天空農園」を筆頭に農園を設ける動きへとつながり、銀座の屋上農園に市民が足を運んで農作業する姿も当たり前になりつつあった。コロナ禍でこの動きは抑えられてはきたが、落ち着きを取り戻して復活する日も近いことは間違いない。

まちおこしの輪を広げ、情報発信

この銀座での取り組みは名古屋での「マルハチ・

銀座のデパートの屋上で地元中学生の農業体験

プロジェクト」を引き起こすなど、北は北海道の標津町、南は鹿児島市まで、全国にまちおこしの輪を広げることにつながっている。そして相互交流を行い、各地の農産品・加工品を銀座で販売することにより、産地を知ってもらい、産地に足を運んでもらうきっかけにもなっている。

例えば、福島市で純米吟醸「精一杯」を仕込むプロジェクトを8年前に立ち上げ、同市荒井地区の田んぼでのイネ刈りに銀座中学の生徒会が参加している。

また銀座で生産した「極上ならぬ屋上の芋」を原料にして福島で芋焼酎をつくる「芋人《いもじん》プロジェクト」は9年目に入った。これはほんの一例であり、まさに「銀座から日本農業を元気にする」活動が展開されている。さらには、２０２３年3月には社団法人ミツバチプロジェクト・ジャパンを発足させ、都市養蜂の支援を国内だけでなく、アジアを含めた世界を対象に、プロジェクトを広げていくことにもしている。

こうしてミツバチ、蜂蜜をキーワードに様々な活動が展開されてきたが、その一つが「銀座農業政策塾」で、市民が参加すると同時に地方との交流をも重ね合わせた銀座での動きを、今後の農政の取り組みに生かしていくことをねらいに、一般市民を対象に勉強会を重ねて政策提言を行うもので、筆者もこの代表世話人として関わってきた。

この銀座農業政策塾は毎年、半年余にわたって連続講義を行い、受講生は毎年洗い替えしてきた。これを恒常的に参加可能な塾とし、塾生の経験交流を深めつつ勉強していくことをねらいに、「銀座農業コミュニティ塾」と名称も変えて7、8年前に再出発した。その後、コロナの発生にともない、しばし休講とし、2022年からZOOMを使って復活し、今年からはZOOMなしのリアルでの勉強会に戻っている。

ZOOMでの復活にともない、だれでも気軽に参加できるようにということで、暫定的という位置づけながら「今夜はご機嫌@銀座で農業」という名称にして、原則月1回、銀座の隣町である京橋の中央区立環境情報センターで講義と意見交換、そして終了してからの懇親会をセットにして続けている。

現状、参加人数は10人弱といったところであるが、密度の高い勉強と交流を積み重ねながら、生産消費者づくり、農業の社会化を目指した活動の重要性・意義について、銀座から情報発信を続けている。

豊さとは何か

「農業」は価値、経済的富の獲得を可能とするが、これまで外部経済として除外されて来た「農」的世界にこそ本来の生きがい・やりがい、幸せがあるといえる。

「漁師とコンサルタント」の話

「漁師とコンサルタント」というよく知られた話は、これを端的に示している。いささか長くなるが引用しておきたい。

メキシコの海岸沿いの小さな村に、MBAをもつアメリカのコンサルタントが訪れた。ある漁師の船を見ると活きのいい魚が獲れている。

コンサルタントは聞いた。

「いい魚ですね。漁にはどのくらいの時間がかかるのですか?」

「そうだな、数時間ってとこだな」

「まだ日は高いのに、こんなに早く帰ってどうするのですか？」

「妻とのんびりするよ。一緒にシエスタを楽しみ、午後にはギターを弾きながら子供と戯れ、夕暮れにはワインを傾けながら妻と会話を楽しみ、それで、寝ちまうよ」

それを聞いてコンサルタントはさらに質問をした。

「なぜもう少し頑張って漁をしないのですか？」

漁師は聞き返した。

「どうして？」と。

「もっと漁をすれば、もっと魚が釣れる。それを売れば、もっと多くの金が手に入り、大きな船が買える。そしたら人を雇って、もっと大きな利益がでる」

「それで？」と漁師は聴く。

コンサルタントは応える。

「次は都市のレストランに直接納入しよう。さらに大きな利益が生まれる。そうしたら、この小さな村から出て、メキシコシティに行く。その後はニューヨークに行って、企業組織を運営すればいいんだよ」

「そのあとはどうするんだ？」漁師はさらに聞いた。

コンサルタントは満面の笑みでこう答えた。

「そこからが最高だ。企業をＩＰＯ（株式公開）させて巨万の富を手に入れるんだ」

「巨万の富か。それで、そのあとはどうするんだい？」と漁師は最後に質問した。

「そしたら悠々とリタイアさ。小さな海辺の町に引っ越し、家族とのんびりシエスタを楽しみ、午後にはギターを弾きながら子供と戯れ、夕暮れにはワインを傾けながら妻と会話を楽しむ。のんびりした生活をおくれるのさ」

漁師はため息をつき、やれやれという顔で一言を付け加えた。

「……そんな生活なら、もう手に入れているじゃないか」

https://hebinuma.com/about/

豊さ、幸せを享受する土台

これは人生の幸せとは何か、を考えさせるためのビジネスジョークである。何のために働くのか、巨万の富を得て結局は何を求めているのか、を考えさせてくれるいい話であるが、それだけでなく近代化や資本主義の本質を問う話として理解することも可能である。

実際には馬の鼻づらにぶら下げられたニンジンにありつけるのはごく一部に限られ、多くは駆けても駆けてもニンジンにはありつけず、疲労困憊するだけ。そこでは格差を必然とし、協働し共生していたコミュニティを崩壊させ、さらには駆け続けることによって多大の環境負荷をも発生させている。

世界が日本が、あらゆる産業が、そして農業までが、この道を走り続けている。〝成長の限界〟が叫ばれるようになってから既に久しい。「失われた30年」と言われるように日本経済は低迷を続けてきたが、これにともない過去の蓄積を失ってもきた。

しかしながら、そうした中から消費者・市民の農業参画の流れが生み出されてきたことも確かであり、部分的ながらも経済成長には代えられない豊かさ、幸せを享受していく土台が形成されつつあるのかもしれない、と考えることはできないだろうか。

第7章

Agro-Society

協同労働、そして村づくり

日本人が持つ共同体意識

新自由主義と呼ばれる〝暴走する資本主義〟はもちろんであるが、資本主義自体が市場化・自由化・国際化を前提しており、その根底にあるのは競争原理による弱肉強食の世界観であり、労働は苦しいもの、罰であるとする労働観である。

そして、一神教で自らは唯一神に選ばれた者であるとする選民意識を有しており、植民地支配を長年続けてきたのも当然であって、大東亜共栄圏の建設による東亜民族の解放を掲げて戦争に立ち上がった日本との違いは大きい。日本と欧米の根っこにある自然観、宗教観の違いはきわめて大きい。この違いは約1万年に及ぶ農耕ではなく半農耕を続けてきた縄文時代に大きく起因しているように思う。

このところ、古代史に関して特に注目している歴史学者の一人が、イタリア美術史研究の第一人者とされる一方で、日本独自の文化・歴史の重要性を提唱し、縄文時代から現代までを通して独自の歴史観を提示している東北大学名誉教授の田中英道である。これまでの定説からは自由で、かつ説得力のある歴史の実像に迫る試みを重ねている。

豊かな自然に恵まれた縄文文明

その田中の数多くの著書の一つに『新　日本古代史』がある。その中で、日本の共同体は世界の中でも独自の特徴を有しており、その起源を遡っていくと縄文時代にぶつかるとする。世界の四大文明とされるメソポタミア文明、エジプト文明、インダス文明、黄河文明は、いずれも砂漠や草原地帯で発生した都市文明である。これら四大文明は「自然が豊かでなかったことから発生」した文明であり、「豊かな自然から孤立した文明」であるとする。

これに対し、縄文時代の日本は、豊かな自然に恵まれ、人間にとって暮らしやすく、定住しやすかったことから、「人間が大規模に手を加えずとも自然が与えてくれた文明」であったとする。すなわち「自然の過酷さに対抗するために工夫しなければならず、さらには他民族との戦闘に備えて都市に要塞を建設」するなどによって文明は築かれてきた。

ところが、縄文時代の日本は「自然の有利さに守られ」、また「文字がなくても、建築や宗教などあらゆるジャンルが記憶の伝承によって十分に保たれ」、土器、土偶、古墳、墳墓などの形や形象によって表現する高度な口承文化が形成されるなど、独自の文明が醸成されてきたものであり、四大文明と質は異なるとはいえ、勝るとも劣らない縄文文明ともいうべき高度な文明が発展してきたと見る。

その縄文時代の日本における共同体は、エジプトやインダスのように集団を統率する王に権力が集中するとともに、個人を基本要素とする共同体に対して、家族を中心とした集合体、共同生活を基本とするものであり、日本人の道徳的基礎もそこで形成されてきた。

「緩やかな共同体」の形成

こうした差異をもたらした大きな原因として、日本では竪穴住居がつくられて定住化したことをあげている。竪穴住居は、家族単位で住む規模を前提に、土を掘り起こしてつくられ、冬は暖かく、夏は涼しいという利点を持っている。そこで家族を中心に、親戚や氏族たちが集まって生活する中で、家庭を大事にし、モラルや共通のルール、規範が生み出され、「緩やかな共同体」が形成されてきた。

これに対し、ヨーロッパや中国は穴居生活や大規模家屋による大人数での居住であり、「外壁（防壁）をもつ都市をつくることによって家族の共同になると同時に、個人が非常に重要」な役割を果たすこととなり、集落の周りに壁を築くことになったもので、そこでの共同体は日本とは大きく異なるとしている。

日本の協同組合組織はヨーロッパから移入されたものであるとされる一方で、日本における協同組合の源流は二宮尊徳や大原幽学に遡ることができるとの見方も多い。

いずれも事実ではあるが、田中が指摘するように縄文時代には共同体は形成され重要な役割を果たしており、さらに弥生時代以降の水田稲作にともなう共同作業や江戸時代の村落自治などによって共同体意識は日本人の体にしみ込み、体質化していったと考えられる。共同体、協働活動は連綿として日本人の活動を導いてきたのであり、これからの日本社会のあり方を考え、農業・農村の見直しをはかっていくためには共同体、協同組合が発揮すべき役割は大きい。

本章では労働者協同組合と農協の中からＪＡはだのの協同活動を取り上げるとともに、〝子育てむら〟に取り組む長野県の認定ＮＰＯ法人フリーキッズ・ヴィレッジの活動を紹介しながら、共同体・協同組合の持つポテンシャルを確認しておきたい。

注目が高まる協同労働

協同組合の中でも、近年、特に注目を集めているのが、２０２０年12月に成立し、２０２２年10月１日に施行された労働者協同組合法によって、法的にも協同組合としての活動が可能となった労働者協同組合、通称ワーカーズコープである。

これは働く人が自ら出資をし、事業の運営に関わりつつ事業に従事するという働き方の協同労働を目指す。なお、「協働」は協同労働をさらに一般化したものとして呼ばれている。

時代の要請による協同組合として

いわゆる協同組合については、既にご承知の方が多いであろう。ごくかいつまんで紹介しておけば、産業革命が進展するイギリスで、１８４４年にランカシャーのロッチデールにロッチデール公正先駆者組合による組合店舗が開設されたのが始まりとされ、「加入自由」「一人一票の民主的運営」「出資金への配当の制限」「剰余金の組合員への組合利用に応じた分配」などを基本原則とした。

その後、様々な協同組合が生み出され、わが国でもドイツを手本にして１９００年に産業組合法が成立し各地に産業組合が設立された。

ＩＣＡ（国際協同組合同盟）の定義では「協同組合とは、人々の自治的な協同組織であり、人々が共通の経済的・社会的・文化的ニーズと願いを実現するために自主的に手をつなぎ、事業体を共同で所有し、民主的な管理運営を行うもの」とされている。

ＩＣＡには１０９か国３１２の協同組合が加盟し（２０１８年10月時点）、組合員総数は約12億人、年間事業規模は２５０兆円（トップ３００の協同組合の合計）となっている。

また、日本では、農協、生協、漁協、森林組合、信用組合、労働金庫など、そして労働者協同組合が存在し、約６５００万人が組合員となっており、国民経済の中にそれなりの位置を占めるに至っている。

労働者協同組合法の成立は協同組合法制としては１９７８年に成立・施行された森林組合法以来四十数年ぶりとなるが、与野党・全会派の合意を得て全会一致で可決・成立したことは、強い時代の要請があったから、と理解することができる。

労働者協同組合の目的はその第１条に次のように明記されている。「この法律は、各人が生活との調和を保ちつつその意欲及び能力に応じて就労する機会が必ずしも十分に確保されていない現状等を踏まえ、組合員が出資し、それぞれの意見を反映して組合の事業が行われ、および組合員自らが事業に従事することを基本原理とする組織に関し、設立、管理その他必要な事項を定めることなどにより、多様な就労の機会を創出することを促進するとともに、当該組織を通じて地域における多様な需要に応じた事業が行われることを促進し、もって持続可能で活力ある地域社会の実現に資することを目的とすること」とされている。

出資・運営・労働の一体化

ここにすべてが凝縮されており、まずは「意欲及び能力に応じて就労する機会」を得ることが困難化しており、〝働きがい〟〝生きがい〟をもって労働することが難しくなっている労働をめぐる現状が背景に置かれている。

そして、この働きがいのある仕事を生み出していくためには、「組合員が出資し、それぞれの意見を反映して組合の事業が行われ、および組合員自らが事業に従事することを基本原理とする組織」であることが必要であるとしている。すなわち出資・運営（意見反映）・労働を三位一体化させた働き方が働きがいの獲得には不可欠であり、これが基本原理であるとする。

しかも、そこでの仕事は「地域における多様な需要に応じた事業」であるとともに、「持続可能で活力ある地域社会の実現に資する」ものでなければならないとしている。あくまで仕事は地域のニーズに対応したものであるだけでなく、これを持続可能で活力ある地域社会の実現に向けて展開していくことを求めている。

労働者協同組合も非営利、自然人が基本、一人一票の議決権、出資配当の制限などを基本原則とすることは既存の協同組合と変わらないが、「設立については、準則主義によるものとし、3人以上の発起人を要すること」（第22条から第28条まで関係）とされている。すなわち届け出だけで設立することができ、しかも3人以上の発起人がいれば設立可能となる。さらに労働者派遣事業以外は、基本的に何でも事業として手がけることが可能とされている。

これまでの協同組合の設立とは異なり、簡易に、小さなグループで立ち上げていくことを可能としており、これまでのように一定程度の規模や組織化が前提されるのではなく、市民レベルでの活動・事業が想定されており、時代の流れを変えていくことを期待されているということができる。

労働者協同組合の歩み・取り組み

ここで労働者協同組合、および協同労働の歴史を確認しておけば、戦後の失業対策事業が廃止された後の、自治体からの公園清掃や草刈りなどの仕事への取り組みを前身とし、1979年に全国協議会（現在の労働者協同組合連合会）を結成している。

その後、ヨーロッパの労働者協同組合に学んで、自らを労働者協同組合として位置づけし、病院清掃や建物総合管理、生協や農協などの物流センターの仕事などを拡大するなどして今日に至っているものである。

加盟団体と事業規模・内容

労働者協同組合連合会には37団体が加盟しているが、加盟団体全体での事業規模は３７８億円、就労者は1万５０００人とされている。そのうち労働者協同組合のモデルとして１９８７年に発足しているワーカーズコープ・センター事業団は、事業高２５５億円、組合員８０００人、21事業本部、４５０事業所を抱えるに至っている。

労働者協同組合連合会に加盟する団体の事業は、規模順では介護・福祉関連と、子育て関連の二つの事業が飛び抜けて多く、総合建物管理、公共施設運営、若者・困窮者支援、協同組合間提携、販売・売店、配食サービス、運輸・交通、建設・土木、食・農関連などが続いている。

なお、労働者協同組合法が対象とする協同労働の実践団体としては、労働者協同組合のほか、ワーカーズ・コレクティブネットワークジャパン、障がいのある人たちの就労創出に取り組む団体（ＮＰＯ法人共同連、浦河べてるの家など）、農村女性ワーカーズ（農産物の加工、直売所、レストランなど）、住民出資による「協同売店」などがある。これらを含めると、およそ10万人の就労、40年の歴史、１００0億円の事業規模があるとされている。

先般、労働者協同組合の現場で活動している方のお話で、「わたしたちが大事にしていること」として触れられたことが大変に印象的であったのと同時に、その仕事の仕方をイメージさせるものでもあることから、ここに列記しておきたい。

- 自分らしく生きること。一人ひとりが主人公
- そのために、責任を分かち合って助け合うこと
- 地域の「困った」に向き合うこと
- ないなら「一緒につくっちゃおう」
- みんなで話して、みんなで決めて、みんなで実行する
- 自分たちのことは、自分たちで決める
- そういう社会をつくりたい

地域課題を解決する法人に

労働者協同組合法の成立を踏まえて、私が主宰する農的社会デザイン研究所が事務局となって、2022年6月にJA上伊那（上伊那農業協同組合）本所において、労働者協同組合連合会グループとJA上伊那、JA全中とで、集落営農の労協法人化は可能であるかを中心とした勉強会を開催し、意見交換会を行った。

農地所有適格法人を対象に農業経営基盤強化準備金の積立金の損金算入などの税制上の特例が措置されているが、農地所有適格法人は株式会社、持ち分会社、農事組合法人に限定されており、現状では集落営農が労働者協同組合という法人形態を選択するメリットは限られることが明らかになった。

しかしながら、農業経営を中心としない地域課題を解決していく法人としては、事業や構成員に制約の少ない労働者協同組合に優位性があることも明確となった。中長期的には農地所有適格法人の対象を広げていくべく活動していくことが必要であるが、当面はJAと連携しながら地域の困りごとへの取り組みを重ねていくことが求められよう。

なお、労働者協同組合連合会は2011年の東日本大震災にともなう復興支援も踏まえてFEC自給圏づくりを宣言しており、そのための活動の一環として小農・森林ワーカーズの取り組みもすすめている（詳細は第8章）。

労働者協同組合連合会の事業とは別の地域活動・地域連帯活動を担っているのが日本社会連帯機構である。その理事長であり、また長年労働者協同組合運動をリードしてきた永戸祐三氏は、労働者協同組合法の施行を踏まえて、「前半5年はおそらく現在の私たちの取り組みはサービス業を中心とした大きな飛躍となるでしょう。しかしその中で徐々に生産・製造分野の仕事の比重が増していくのではないでしょうか。そして後半の5年くらいはサービス業的分野の発展とともに、生産・製造分野、とりわけいわゆる第一次産業分野の労協の取り組みが発展していくのではないだろうかと考えています」と述べている。

農業では担い手が減少する中、労働者協同組合を活用しての担い手づくりの動きが進行していくことを期待したい。

尊徳思想が息づく協同活動（JAはだの）

農業を中心とする協同組合組織が農協（JA）であるが、戦前の産業組合時代も含めて、農協批判は繰り返されてきた。

大きな組織であるだけに総じて変化へのビビッドな対応が苦手であることは確かであるが、時間をかけながら相応の積み上げをはかってきたことも間違いない。根強い農協批判がありながらも、ほとんどの農家は農協なくしては農業を続けていくことは難しいというのも事実である。JAグループをあげて自己改革に取り組んでいる中で、協同組合運動を前面に押し出して奮闘している一つが神奈川県のJAはだのである。

協同組合の原点「報徳」を広める

安居院《あじむ》庄七は、秦野《はだの》市の出身で、二宮尊徳の教えを各地で広め、報徳社を設立している。その安居院庄七は穀物商であったが、米相場に手を出して失敗を重ねてお金に困っていた。

数え年54歳の頃に、高利の借金を整理させ貧乏な農民を救済しているという二宮尊徳の話を聞いて尊徳を訪問。面会はできなかったものの、聞こえてくる尊徳の講話や門人たちの話などから、尊徳の思想と行動に感銘を受けて、人生をやり直すことを一念発起し、秦野に戻って商売を再開した。公正で質のよい商品を適正な価格で販売するとともに、当時は飢饉に見舞われて農民は苦しい生活を送っていたことから、村人の救済と地域の復興に取り組み、協力と助け合い、相互扶助を唱導した。

その安居院庄七の研究会をJA内に置いて活動してきたが、今は研究会は存在していないものの、小冊子『協同組合の原点「報徳」を広めた安居院庄七』を作成して配布するなどにより、その精神は受け継がれており、ＪＡの活動のバックボーンとなっている。

「トカイナカ」（都会と田舎が共存）に立地する当ＪＡの役割として「食と農を軸に多くの人が関わるコミュニティーづくり」を打ち出している。これは「地域農業と組合員の農業経営を支え発展させる役割」と「組合員生活を支え住みよい元気な地域づくりに貢献する役割」の二つから導き出されたもので、その柱として六つの取り組みを掲げている。

①（農外からの）本格就農を目指すはだの都市農業支援センター↓はだの市民農業塾

②特定農地貸付事業による自力で栽培に挑戦↓さわやか農園

③農家が主導する生産緑地を活用した体験型農園↓名水湧く湧く農園

④農業体験↓はだの農業満喫ＣＬＵＢ

⑤地産地消の拠点↓ファーマーズマーケット〝はだのじばさんず〟

⑥組合員教育事業による協同組合の理解促進↓協同組合講座

また、生協であるパルシステム神奈川ゆめコープと事業連携をつうじての地域振興・地域貢献に関する包括協定も結んでおり、①地域との連携促進、各種事業への協力・参加に関すること、②地産地消、秦野市農畜産品の普及推進に関すること、③安全・安心なまちづくり・くらしづくりに関すること、④人・地域のネットワークづくりに関すること、⑤地域防災への協力に関すること、⑥環境対策、リサイクルの推進に関すること、⑦地域福祉、少子高齢化対応に関すること、⑧観光農業振興への協力に関すること、⑨健康づくりへの協力に関すること、⑩その他趣旨に沿った目的達成に関すること、についての基本的事項が定められている。

相互扶助を土台にした事業連携

そして、これらの具体化に向けてプロジェクトチームが設けられ、事業連携にふさわしい次のような活動が展開されている。

◆テーマＡ「**農業振興**」

・ＪＡはだのが行う「はだの農業満喫ＣＬＵＢ」

への参加者募集をパルシステム生協広報誌で呼びかけて合同開催

・パルシステム生協役員が農業体験に参加

◆テーマＢ「**農産物販売**」

・神奈川県産の津久井在来大豆醤油５００㎖をパル生協で取り扱い開始

・パルシステム生協での青パパイヤの取り扱いを検討（中）

◆テーマＣ「**経済・流通**」

・パルシステム生協購買事業におけるＪＡはだのの取扱高６０９２万７０００円（２０２１年度）

◆テーマＤ「**総務・交流**」

・パルシステム生協が開催する「障がい者雇用の現状と可能性〜多様な人が活躍する社会に向けて〜」をテーマとする学習会へのプロジェクトメンバーの参加

◆テーマＥ「**食・生活・女性**」

・ＪＡはだのが行う「ままメートクラブ」への参加をパルシステム生協組合員に呼び掛け

・「南はだの村七福神と鶴亀めぐり」合同ハイキングの実施

・パルシステム生協組合員のＪＡ女性部への加入呼び掛け

・パルシステム生協組合員への「ＪＡデイサービスセンターはだの」の周知のためのチラシ配布

そして現在、「農業の多面的機能」をテーマとするプロジェクトの設置が検討されている。

このように事業推進と併行してパルシステム生協との事業連携も含めて、相互扶助を土台にしての活発な協同活動が展開されており、地域活性化の核として、また地域の拠点としてＪＡはなくてはならない存在であり、多様な役割・機能を発揮している。

〈事例⑤〉清水農園の「都市型畑」で村づくり

拙著で既に取り上げたことのある武蔵野市にある清水農園であるが、時代の変化とともに〝進化〟しており、改めてここで最近の清水農園の姿を紹介しておきたい。

ＪＲ中央線の武蔵境駅から北に向かって歩いて10分ほど、玉川上水にぶつかる少し手前の、高校や保育園などもある閑静ないわゆる文教地区に清水農園はある。20ａほどの小さな畑ではあるが、園主の清水茂さん（74歳）はお父さんが亡くなって、絵を描く仕事を中断。農業を継ぐようになって30年以上にわたって有機農業での栽培を続けている。

少量多品種で消費者と直結したＣＳＡによる生産・販売を行うとともに、農業体験の場として周りの小中学校や幼稚園・保育園などにも開放してきた。そして、保育園などの子どもたちだけでなくお母さんたちも別途、大根を栽培して清水農園でたくあん漬けをしたり、藍の種を播いて育て染色をしたり、さらには畑で収穫したものをビニールハウスの中で調理して食事会をしたりと、頻繁に出入りするようになってきた。

改めて清水さんに最近の様子を聞いてみると、人の出入りはますます増えているだけでなく、地域住民、子育てママ、森の幼稚園を含む幼稚園、自主保育グループ、障がい者グループ、不登校・ひきこもり、高齢者団体、ヨガインストラクター、料理家など、さらに多様な人たちが足を運ぶようになってきているという。

こうした人たちが「それぞれのあり方で〝はたけ空間〟に参入し、それぞれがそれぞれの目的を果たし、畑の生きものを育て、野菜を生産&消費し、また横の交流なども行う〝Commune〟として機能し始めている」というのが清水さんの見立てであり、「都市農業の一つのあり方として、生産はもとよりであるが、限られた農地を活かして多様な人々がつながる地域空間＝都市型農村を形成しつつある」というのが清水さんの理解である。

そもそも「清水農園は自然との供労（ともに働くの意）により、命で命を育て合う農と育の場であり、多様な人々の集う共同体であるとともに、問題（意識）を一にする者たちの〝Totem〟」であり、〝場〟であるというのが清水哲学である。

都市農地を単に公共財として位置づけていくだけでなく、積極的にコミュニティの場としても活用・評価し位置づけていくことは「農業の社会化」の究

親子の来訪でにぎわう清水農園（東京都武蔵野市）

極の役割であるといえるのかもしれない。娘のもとゐさんの就農にともない、ハーブや洋野菜などが増えるようになり、また親・お母さんたちとのコミュニケーションの質も変わりつつあるようだ。女性の若い後継者を得て、清水農園の「畑で村づくり」が、今後、どのように進展・変化していくのか大いに楽しみであり、注目していきたい。

〈事例⑥〉フリーキッズ・ヴィレッジの子どもの心が自由になれる村づくり

農業の社会化は村づくりと一体化してくる。協同組合組織ではなくＮＰＯであるが、社会化というかＦＥＣ自給圏による取り組みの一つの到達点的な意味合いも含めてここで紹介しておきたいのが、長野県伊那市にある認定ＮＰＯ法人フリーキッズ・ヴィレッジの活動である。

伊那市とはいっても天竜川沿いにある巨大な河岸段丘からは離れて、山間、南アルプスへの入り口にあたる同市高遠町《たかとおまち》の中心部から北東方向にさらに車で10分ほど奥に入った山室《やまむろ》という山里で、フリーキッズ・ヴィレッジは「すべての子どもたちが心豊かに平和に生きられる村」＝〝子育て村〟を目指して活動を積み重ねてきている。理事長は宇津孝子《たかこ》さん（子どもたちからは「あーちゃん」）。

フリーキッズ・ヴィレッジの事務局は山室の宮原という集落に位置しており、里親として子育てしている〝うずまきファミリー〟と同じ建物を二分して活用している。宮原には12の世帯があるが、うち4世帯が子育て世帯で、子どもの数は宮原の人口の約3割を占めているという。そして里子として9人の子どもたちが〝うずまきファミリー〟を含む3軒の里親家庭で暮らしている。また、宿泊事業や子どもの居場所として活用している〝おやまのおうち〟は宮原から車で10分ほどさらに山に入った宮沢という集落にある。

フリーキッズ・ヴィレッジの取り組み

２００４年にフリーキッズ・ヴィレッジとしての活動を開始し、２０１４年11月にＮＰＯ法人として認定されている。

フリーキッズ・ヴィレッジの名称のとおり、「『子どもたちの魂が自由でありますように』と願い〝フリーキッズ〟と、そしてその思いを共有してくださる家族たちが集まる『村』になっていくイメージで〝ヴィレッジ〟と名づけた」ように、まさに〝子育て村〟を目指してきたが、かなりの程度に〝子育て村〟に育ちつつあるように受け止めている。「すべての子どもたちが心豊かに平和に生きられますように」と願いながら、「自然とつながり、人とつながって、〝子どもの心が自由になれる村〟」づくりを目指して、子ども支援・子育て支援に関わる様々な活動に取り組んでいる。

現在、活動は、おやまのおうち、みんなの村、子どもの居場所、子育て支援、山村留学ホームステイ、自然農の事業に分けながらも、有機的につながって活動展開しており、シンプルに事業を区分することは難しいが、活動場所に分けて事業活動について説明しておきたい。

◆〈おやまのおうち〉

プレイパークでの集まり（フリーキッズ・ヴィレッジ）

おやまのおうちは、クラウドファンディングも活用して古民家の購入・改修を経て２０２２年度から本格的な稼働を開始した。

改修した古民家を農家民泊に登録して、宿泊事業（体験の宿として宿泊）、〝おやま　暮らしの寄り合い〟（月に1回、子どもと大人が参加できる季節の暮らしの講座、野草採り、そば打ち、「杜人《もりびと》」上映会、水脈整備など）、タイムケアサービス（障がいのある子、不登校の子などの日中活動支援）、〝おやまのわかちあい〟（野菜・雑穀・保存食セットのお届け）、レスパイト（障がい児、要保護児童の「休息」「息抜き」）・協力家庭の受け入れなどなど多様な活動をここで行っている。この活動を担当しているのが理学療法士である筒井淳文《あつふみ》（つっちゃん）と裕美子（ゆみちゃん）ご夫妻である。

◆〈みんなの村〉

宮原の中に2、3反ほどの広さの遊び場〝みんなの村〟がある。子どもたちが安心して遊べる場所として維持・管理しながら、毎週水曜日の10：00から16：00まで、自由な遊び場「みんなのプレイパーク」

として開放し、ちょっとしたおやつを子どもたちと焚き火で一緒につくって食べたりしている。

スタッフは横山紀子さん（のりたけ）、大高洋子さん(あゆちゃん)、大和田千賀子さん(ちかちゃん)。また〝おそと保育ぐりぐら〟は、隔週水曜日の10：00から14：00頃まで、自主保育サークルとして活動しており、親子で遊びに来てもらい、持ち寄った具材を使って焚き火でみそ汁をつくって昼食をとり、あとは自由に過ごす。２０２２年度からこの代表はのりたけから柴村玲子さん（れいこちゃん）に交代している。

◆〈こどもの居場所〉

おやまのおうちとプレイパーク、それと横山晴樹さん（よっさん）と紀子さん（のりたけ）ご夫妻の馬と田畑も活用しながら、２０２３年1月から、〝こどもの居場所　高遠みんなの楽校事業〟を開始している。子どもたち（小学生未満は親子で参加）を対象に、毎週火曜と木曜の10：00から15：30まで、馬耕や田んぼの代かき、田植え、畑の草取り、馬小屋づくり、薪を焚いてのみそ汁やお菓子づくりなどを行っている。

この〝高遠みんなの楽校〟は、おやまのおうちの〝おやま　暮らしの寄り合い〟、そして同じ伊那市荒井にあるＮＰＯ法人はみんぐが実施している〝若者の居場所　おるら〟や〝おるら親の会〟と、活動の連携をはかっている。また、南信地域にある約70の機関・団体と一緒になって〝南信子ども・若者サポートネット〟を構成しており、２０２３年度からはフリーキッズ・ヴィレッジがその事務局をも担っている。

◆〈山村留学ホームステイ〉

山村留学ホームステイ事業は２０２２年度、長期滞在1名、短期滞在7名という実績となったが、この受け入れ対応をしているのが横山さんご夫妻で、娘さん二人とよっさんのお父さんの5人家族が住む自宅〝うまや七福〟を開放している。長期滞在したK君（高校1年生）が山村留学1年目の時の質問への回答が特に印象的であり、参考までにあげておきたい。

①〈ここに来てびっくりしたことは？·ベスト3〉

山村留学ホームステイで、馬に引いてもらってのそり遊び（フリーキッズ・ヴィレッジ）

1）米や調味料、食べ物本来の味がいきていること、2）夏の涼しさに比べて蚊の量が多いこと、3）水道代無料、グリーンファームで売っている家具の安さ、②〈ここに来て一番心に残っている感動したことは?〉食の大切さ、実家では食べられないごちそう、馬のビンゴ（馬耕、馬搬）、行商、CYCLING、送別会でのみんなの熱意、③〈ここに来て得たこと、身につけたことは?〉育てること（ウサギ、ヤギ）、食べる動物を見ること、田畑、CYCLING、高遠の川を眺める、④〈今はまっていることは?〉免疫力、健康な体、体力、⑤〈今後の目標は?〉田畑を育ててつくったものを行商すること。

　加えて、アンケートに回答した他の3人（いずれも短期滞在）の質問①~③への回答も記しておく。

　Aさん（20歳）①1）水、畑の地代、家賃、暖房料が無料、2）のこぎりを使える大工さんが意外と非凡らしいこと、3）卵を調達するために鶏を飼うのは、思いのほか簡単なこと、②「渡る世間は鬼ばかり」ではないってこと、③フリースクールでやるバスケットボール、甘い物、油物。

T君（小6）①1）空気がすごくきれい、2）焚き火がし放題、3）リンゴ農園（リンゴがとってもおいしかった）、②ニワトリのここちゃんをしめた日のこと、③物事を継続する力、豊かな心で平和主義で人を許すこと、自然と仲良くできること。

Bさん（小5）①1）涼しい、2）静か、3）いろいろなことが自然、②スキー、キャンプ、大工仕事、馬に乗ったこと、フリースクール、川遊び、イノシシやシカ肉を食べたこと、朝、西の山に日がさして雲が海みたいになっている、③お母ちゃんとギュウ、落ち着くところをきれいにする、おやつづくり、薪ストーブの火付け、朝6時に起きる、などが書き込まれている。

これらを見ただけでも、山村留学も含めて自然や村の暮らしに子どもたちが触れることがいかに大切であり、必要であるかが痛感される。

◆**〈子育て支援〉**

そして子育て支援事業であるが、これはフリーキッズ・ヴィレッジが2019年度に子育てに困難を抱える家庭向けに自らのファミリーサポート事業として始めたもので、市町村の相談窓口をつうじて一定期間、子どもや保護者を協力家庭が受け入れ、利用者には負担は発生させないという仕掛け・仕組みであった。

この取り組みに伊那市が注目して、2020年度からNPO法人に委託して「伊那市在宅における養育支援事業」として事業化したもので、レスパイト（障がい児、要保護児童の「休息」「息抜き」）では母親も含めて2022年度29名が利用し、日帰り10回、宿泊41回に及んでいる。こうした実情を踏まえて「里子・里親交流キャンプ」を開催・実施。あわせてトラウマの知識・理解を広め、身体感覚を用いたトラウマ療法を提供していく活動として、「トラウマインフォームドケア勉強会」や「トラウマを扱う療法の提供」を行っている。

理事長の宇津さんは、自ら里子6人を養育している。児童虐待相談が増加する中、国は都道府県が設ける児童相談所と市区町村が役割を分担して支援するよう求めているものの、十分な対応がはかられていない。そこで、地域で守り育むことが基本であり、

親子での交流キャンプの集合写真（フリーキッズ・ヴィレッジ）

一定以上の協力家庭が必要であること、外国籍の子どもを預かれる外国語のできる協力家庭が含まれること、ＤＶ（ドメスティック・バイオレンス、家庭内暴力）の場合には夫の生活圏と離れた場所になる可能性もあって、広範囲に協力家庭が存在していることが必要であることも含めて複数の市町村が関わっていくことの必要性などをいろいろの機会を捉えて情報発信してきた。

この宇津さんとともに子育て支援事業を担当しているのが高橋咲子さん（さきちゃん）であり、フリーキッズ・ヴィレッジの事務局として事務全般をつかさどっており、さきちゃんが担当するようになってずいぶんと事務処理もスムーズにすすむようになった。

このようにフリーキッズ・ヴィレッジは広範囲に多様な活動を展開しているが、その基本に置かれているのは「子どもの権利が守られる地域づくり」で、「誰もが心豊かに平和に生きられますように」を理念としている。この理念・願いを抱くようになるまで、宇津さんは三つの出会いがあったとしている。

一つは「水の惑星、地球の住人なのだと実感する〝海との出会い〟」。二つが、「陸の哺乳類としての進化の方向性を示唆してくれた〝イルカとの出会い〟」。そして三つが「七世代の未来を考える、という次世代の子どもたちに伝えたい生き方を模索させてくれた〝アボリジニの長老との出会い〟」だ。

プレイパークでの餅つき（フリーキッズ・ヴィレッジ）

その三つの「大切な出会いに導かれ、願いを足元から実現したいと思い、生まれ育った東京を離れ、1999年に信州で自給自足をベースとした子育てを始めた」そうだ。

◆〈自然農〉

この宇津さんの右腕としてしっかり支えているのが副理事長の八坂鉄一さん（てっちゃん）で、活動の全般に目配りするとともに里子たちのいいおじいちゃん役でもあるが、何よりもここで必要とする農産物は基本的にてっちゃんが生産し、また生産した大豆を使っての味噌づくり、醤油づくりも行って〝地給知足（地球に給わり足るを知る）〟を実行し、子どもたちの食と健康を全面的に支えている。基本的に化学農薬や化学肥料は使わず、自然農も取り入れながら農業生産を行っている。

年末になると、てっちゃんがつくったお米を子どもたちも含めて皆でついたお餅が拙宅に届くが、これぞ木臼でついた餅、という感じの絶品で、正月にいただくのを楽しみにしている。てっちゃんは自動車販売大手の会社を退職して、その後の生き方を求めて旅する中で宇津さん、フリーキッズ・ヴィレッジと出会い、自らの母親を見取ることまで受け入れてくれる、ということでここに定着したという。

自然豊かな地域で育つ意義

筆者は家内が同じ高遠町の出身であり小学校の教員をしていたこともあって、フリーキッズ・ヴィレッジの情報を得て関心を持っていたが、10年ちょっとぐらい前にフリーキッズ・ヴィレッジにおじゃましてみた。

宇津さんやてっちゃんにお会いして、こんな人生を送っている人もいるんだ、と感心するとともに、少しはこういう人を応援しなければ、ということで会員になるとともに、家内の実家でつくっているリンゴを差し入れるなどしてきた。そうするうちに、7、8年前に理事になり、現在はてっちゃんとともに副理事長を務めさせていただいている。

コロナ発生にともない、高遠町まで足を運ぶことがかなわず、もっぱらZOOMを使ってのやり取りに限られてきたが、先日、久しぶりにフリーキッズ・ヴィレッジを訪問してきた。子どもたちも大きくなって、新たに入ってきた小さな子どもたちの世話をしたり、見守ったりして、すっかりお姉ちゃんになっていたのが印象的であった。

NPO法人になって間もなく20年が経過するが、何よりも行政の支援が乏しい中で市民の善意で支えられているところも大きく、経済的には厳しい道のりを余儀なくされてきた。

そうした中で、〝うずまきファミリー〟と事務局のある宮原の古民家1軒だけの〝寄宿生活塾時代〟の第一世代から、同じ集落の古民家に居を構える複数の自給自足をベースとする家族たちによる「子育て村づくり」の第二世代へと移行しつつあるとともに、もう一つの拠点となり多様な機能発揮が期待される〝おやまのおうち〟も本格的な活動を始めつつある。また、ともに活動しているスタッフが経験を積み重ねつつ成長してきていることも実感しており、これから先の「子育て村」が楽しみである。

一方、取り巻く情勢としては、２０２３年４月１日にこども家庭庁が発足し、「こども基本法」も施行された。長らく現場で〝子育て村〟を目指してきたフリーキッズ・ヴィレッジのような活動に行政も目を向け始めたということができる。

　しかしながら行政が本気で乗り出さざるをえなくなるほどに情勢が悪化しているということも確かであり、各地でフリーキッズ・ヴィレッジのような活動が広がっていくことが切望される。そうした活動を行政が経済面も含めてしっかりと後押ししていくことが絶対的に不可欠である。

　改めてフリーキッズ・ヴィレッジの活動に多少なりとも関わりを持つことによって感じていることの一番は、やはり子どもたちは自然豊かなところで育ってほしいということだ。それを地域の皆で見守っていく。山村留学もいい。移住もいい。むしろ山村部全体が「自然とつながり、人とつながって、〝子どもの心が自由になれる村〟」として政策的にも位置づけられることによって、小学生ぐらいまでのライフステージに、自然の中で、濃厚な人間関係が残る村の中で、たくさんの経験・発見をさせてやりたいと真に思う。

第8章

Agro-Society

都市農業振興から地域自給圏づくりへ

大転換した都市農地の位置づけ

市街化区域に残る都市農業は１９６８年に成立した都市計画法によって10年以内に宅地に転換すべきものとして法的に位置づけられ、農政の世界から排除されることになった。

そうした中で、都市農業は守らなければならないとする勢力と、都市に農地・農業はいらないとする勢力との長年にわたる〝抗争〟の末、93年に生産緑地法が成立し、本質は変えないものの、さらに時間をかけて〝安楽死〟を待つ政策が措置された。

都市農業の発揮する多様な機能

これを天の配剤と言うべきか、ちょうどバブル崩壊の時期と重なり、経済成長一辺倒から都市にも緑が必要であり、都市農地や林地を守っていくべきであるとする流れへの転換点ともなった。併行して都市農地を活用しての市民農園や体験農園などが増加し、市民が都市農業に参画するようになり、きわめて不十分ながらも都市農地の共有化、公共用地化がすすんできたと見ることができるかもしれない。

こうした動向を背景にして都市計画法での都市農地の位置づけを変えるべく運動が積み重ねられ、それが結実したのが２０１５年の都市農業振興基本法の成立である。これによって都市農地は「あり得べき農地」とされて、都市農業が発揮すべき多様な機能として次のような機能が明記された。

①農産物を供給する機能
②防災の機能
③良好な景観の形成の機能
④国土・環境の保全の機能
⑤農作業体験・交流の場の機能
⑥農業に対する理解醸成の機能

現行基本法では多面的機能は、第3条で「国土の保全、水源のかんよう、自然環境の保全、良好な景観の形成、文化の伝承等農村で農業生産活動が行われることにより生ずる食料その他の農産物の供給の機能以外の多面にわたる機能」とされている。

これと都市農業振興基本法でいう多様な機能とを比較して見ると、①は多面的機能では農業生産活動に当然に付帯するものとして基本法では特に取り上げられていないが、実質的には共通しているものと見なされる。②の防災の機能は、阪神淡路大震災の際に都市農地が避難場所や水の供給場所として貴重な役割を果たしたことがイメージされているとされている。③、④は多面的機能と共通しており、⑤、⑥が都市農業振興基本法で新たな機能として付加されたものである。農作業体験・交流、農業に対する理解醸成は、特に都市住民を想定して機能を発揮していくことが期待されている。

こうして見ると、多様な機能は多面的機能を含むだけでなく、さらに都市農業であるがゆえに身近に存在する都市住民、消費者が農業に参画し、農業についての理解を獲得していくための活動が求められているということができる。このように都市農業、都市農地の位置づけについての基本的な見直しが行われたということができる。

かろうじて維持される生産緑地

これを受けて17年には生産緑地法の改正が行われ、また18年には「都市農地の貸借の円滑化に関する法律」が成立している。この生産緑地法の改正では、生産緑地指定から30年経過後には買い取り申し出をすることが可能とされていたものを、この申し出までの期間の延長を可能とする特定生産緑地が創設された。あわせて生産緑地地区の面積要件を、これまで５００㎡以上としていたものが、市町村が条例で３００㎡以上に引き下げることを可能にしたもので、小規模でも身近な農地をきめ細かに保全することができるようになった。

また「都市農地の貸借の円滑化に関する法律」によって、農地所有者は都市農地を自ら耕作を行う都市農業者に貸すことが可能となり、あわせて市民農園開設者が農地所有者から直接都市農地を借りて、貸し付け方式の市民農園を開設できる措置が新設された。

このように都市農地保全、都市農業振興のための具体的な措置が講じられ、特に生産緑地指定から30年にあたる2022年は大量の都市農地の売却発生が懸念されたが、特定生産緑地制度によってほぼ9割の生産緑地が維持され、大きく減少することは避けられた。

しかしながら、本質的には問題をとりあえず10年先延ばししたに過ぎず、都市農業者の高齢化がますます進行し、かろうじて生産緑地にすることによって維持してきた市街化区域内農地は、このままではいずれ消失していくことが必至であり、都市農地を半永久的に保全していくための抜本的な措置を講じていくことが求められている。

都市農地は日本の宝、都市農業は日本農業の先駆け

今、東京をはじめとする都市には市民農園、体験農園があちこちにあり、市民農園は頭打ちし、体験農園が増加する傾向にある。場所にもよるが市民農園や体験農園の多くは〝客待ち〟状態で、抽選で当たりくじを引くのはけっこうな難関となっているところもある。

バブルが崩壊する前後から都市農業・都市農地を見る住民・市民の目線が変わり、これまでの先祖から受け継いだ広い敷地に大きな家が建っている資産家というイメージから、身近で新鮮な農産物を供給してくれ、農地だけでなく敷地内の林地も貴重な緑を提供してくれている存在へと変化してきた。最近では、直売所や市民農園などで住民・市民が交流し、さらには農作業もして農業に参画できる場所へと変わりつつある。まさに身近にある農的空間として都市農地を理解する人が増えている。

この都市農地が存続しているのは、都市計画法により10年以内に宅地に転換することを求められながらも、この地で農業を継続していきたいという生産者の一念で守られてきたもので、都市計画、都市開発とは全く無縁に、たまたまというか、都市開発的には偶然に残されてきたものが多い。

日本のように大都会の真ん中に農地があり、農産物をつくっているところは世界にまずない。海外で

消費者、地域住民による大豆の種播き。背後は住宅地（なないろ畑＝神奈川県大和市）

は敷地の一部で立体的に野菜や果樹をつくっているところや、住宅やオフィスを建て替える間、一時的に空き地になっているところをコミュニティガーデンとして野菜や花卉をつくっているところはあっても、それなりの面積を抱えて農家が耕作している農地は日本だけである。都市化がすすむほどに都市農地は緑化、景観、食料安全保障上も、さらには体験・教育上も価値を増し加えている。政策的には意図することなく、という以上に意図に反して残された都市農地は日本にとっての財産、宝であり、これを残し、生かさない手はない。

ここでは農業者を中心にしてたくさんの住民・消費者が関係し、生産された農産物を購入して都市農業を支持するにとどまらず、自らが市民農園や体験農園、さらには援農することによって関係し、農業そのものをも後押ししていく。

もともと農村部に比較して都市部の農地面積は狭く、消費者ニーズをにらみながらの高度技術やハウスも活用しての野菜や花卉の栽培や観光農園などにより、付加価値の高い農業が展開されてきたが、こ

図8-1　担い手確保のカギを握る市民参画型農業

担い手の三層構造をつくりつつ、カチャーシ（かき混ぜる）する！

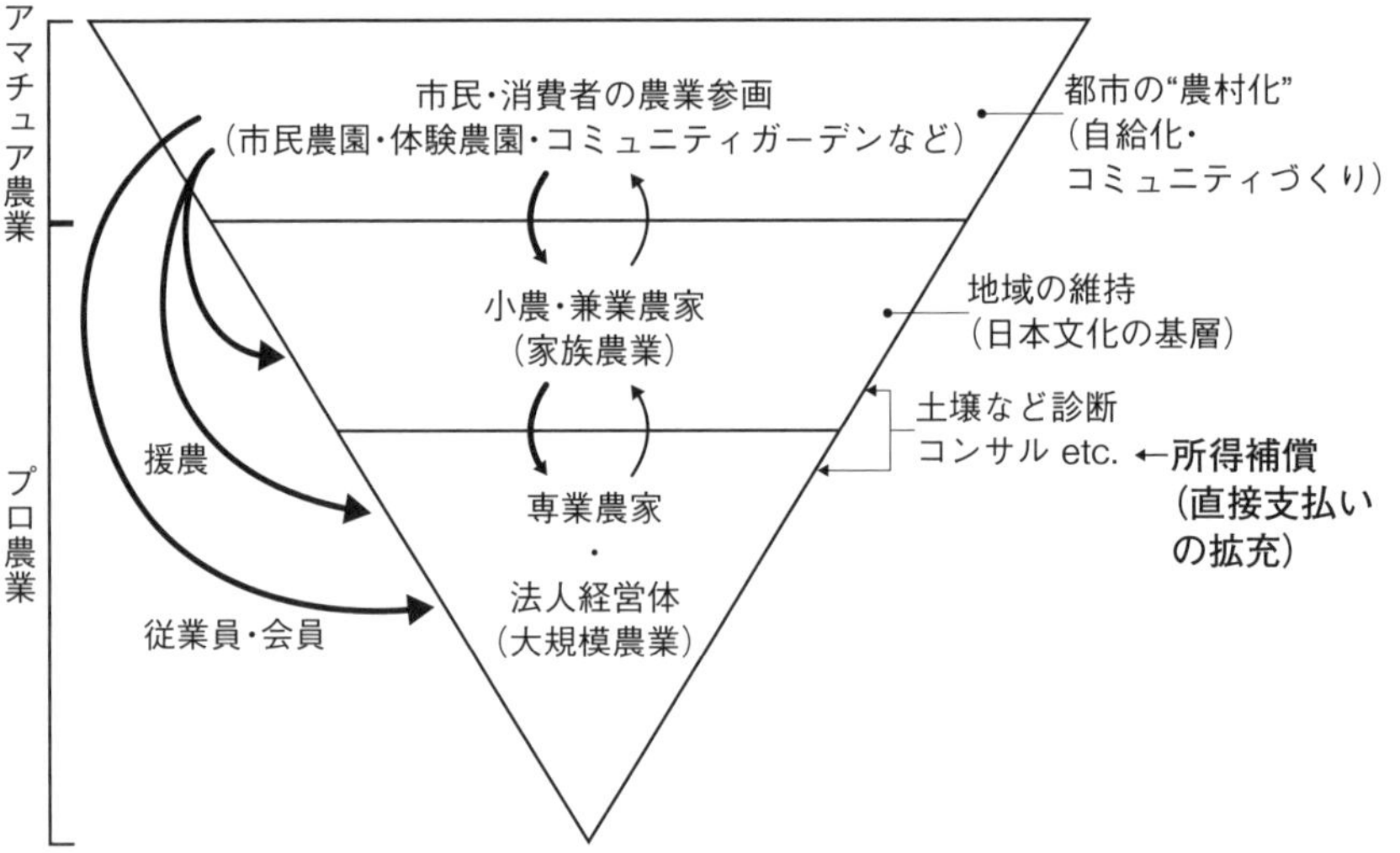

資料：蔦谷栄一

れに体験農園によって指導料を得るなどの新たな取り組みによる複合的な所得の獲得も可能となってきた。約半世紀にわたって都市農家は農政の対象から除外され、基本的には補助金なしの自立経営を余儀なくされてきたからこそ独自の判断、一匹狼的な行動を可能にしてきたともいえる。

まさに都市農業は日本農業の先駆け、フロントランナーという面をも有しており、都市部では消費者が体験農園などにより農業に参画することが普遍化しているが、それにとどまらず農村部でも都市住民が交流、援農、移住などと形を変えながら、生産農家と関係を深めていくことが期待される。

都市農業に参画する住民・消費者が増えるほどに、農村部に足を運ぶ都市住民・消費者の数も増加する関係にあると考える。農の世界があるからこそ、都市住民・消費者は農業への参画が導かれ、都市農業の振興と都市農地の保全へとつながり、それが農村部にも波及して都市住民・消費者が農村・農業者との交流を拡大・深化させ日本の農業は守られていくという構図だ（**図8―1**）。

ＪＡはだのの多様な担い手の育成・確保策

　神奈川県西部に位置する秦野市《はだの》は小田急線で新宿と結ばれており、約1時間の時間距離にあり、都市と農村とが共存したまちが形成されている。

　秦野市でもご多分にもれず、荒廃遊休農地の増大、専業農家の高齢化、担い手不足の進行が顕著で、農地面積も２０００年の３３５ha（うち生産緑地１１０ha、宅地化農地２２５ha）は20年には１９８ha（うち生産緑地１００ha、宅地化農地98ha）と約４割も減少しており、特に宅地化農地は半分以下と減少が著しい。この秦野市を管内とするＪＡはだの（秦野市農業協同組合）は、農に関わる人の裾野を広げていくことに特に注力している。

「はだの都市農業支援センター」設立

　このための〝窓口〟としてＪＡ、市、農業委員会の三者をワンフロア化した「はだの都市農業支援センター」を２００５年10月にＪＡはだのの中に設置した。ＪＡはだのの営農課と秦野市の農産課、そして秦野市農業委員会の三者が、専門性を生かして農業者への相談・指導の充実をはかり、地域住民の「農」への理解促進や参加を支援していくことによって、遊休農地の解消と新規就農者の発掘をはかっていくことをねらいとする。

　ここでは農業の担い手の育成・確保については、専業農家、兼業農家、市民の参加とそのグループ化等多様な担い手が想定されており、地域住民が参加しての取り組みの全体像は２０１頁の**図8-2**のとおりである。あわせて持続可能な農業の実現と地域営農の活性化も業務として位置づけられている。

　ここで農業の担い手育成・確保について取り組みの中身について見ていくと、まずは「はだの市民農業塾」である。２００６年に開設しているが、コースは新規就農コース、基礎セミナーコース、農産加工セミナーコースの三つに分かれる。

　〈新規就農コース〉は、「新たに農家として農業参入を希望し、年間50万円以上の売上を目標とするもの」を対象とし、2年間の実習を原則とする。表丹沢堀山下にあるふれあい農園研修農場で行われ、1年目は毎週水曜日に研修が行われるほか、水曜日以外でも必要に応じて収穫作業が実施される。2年目は農場実習が主で、農家での研修も行われる。募集人員は10名程度で、受講料は2万円。

〈基礎セミナーコース〉は、市民農園などの利用者もしくは利用を希望する者を対象に、講義を中心とした基礎的な学習が行われる。3月から12月までの土曜日に月1〜2回実施され、募集人員は30名程度、受講料は8000円となる。

〈農産加工セミナーコース〉は、市内で農産加工品の製造販売を希望する者を対象に、農産加工品の製造販売に必要な知識の習得をねらいとする。4月から9月の水曜日に月1回開催され、募集人員は20名程度、受講料は3000円。

06年度から21年度までの累計で修了者は、新規就農コースで96名、基礎セミナーコースは264名、農産加工セミナーコースは199名と、たくさんの修了者を輩出している。新規就農コースの修了者96名のうち、就農した者は81名にのぼるというから驚きだ。

就農した81名の中で農家の後継者は18名につき、差し引きすると16年間で農外からの就農は63名、平均すると毎年4人が外部から新規就農した計算になる。後継者を除く63名が利用権設定を行った農地面積は約13haで、平均すると約16aが新規就農者の経営面積ということになる。もちろん、これはあくまで平均であり、1.7haの人もいれば、1100万円以上の売り上げをあげている人もいる。新規就農者の年代別内訳を見てみると、平均年齢は61・7歳となり、60代、70代も多いが、20代2名、30代9名、40代10名、50代14名

（JAはだの）

今後の取り組みの方向性

体験型農園（中級レベルへ対応）
・数年経験を積んだ中級レベルの利用者への対応
・自由作付けとの組み合わせ
・市民農業塾と連携

体験型農園（標準型）
・市内5園程度まで普及

体験型農園（団体・企業向け）
・団体や企業向けの農園
・特定のニーズに対応

体験型農園（簡易型）
・より気軽に参加できる通年型の農業体験
・月1回程度の活動
・親子体験農園など

多様な収穫体験
・生産緑地での実施も増やす

図 8-2　多様な地域住民参加による取り組み

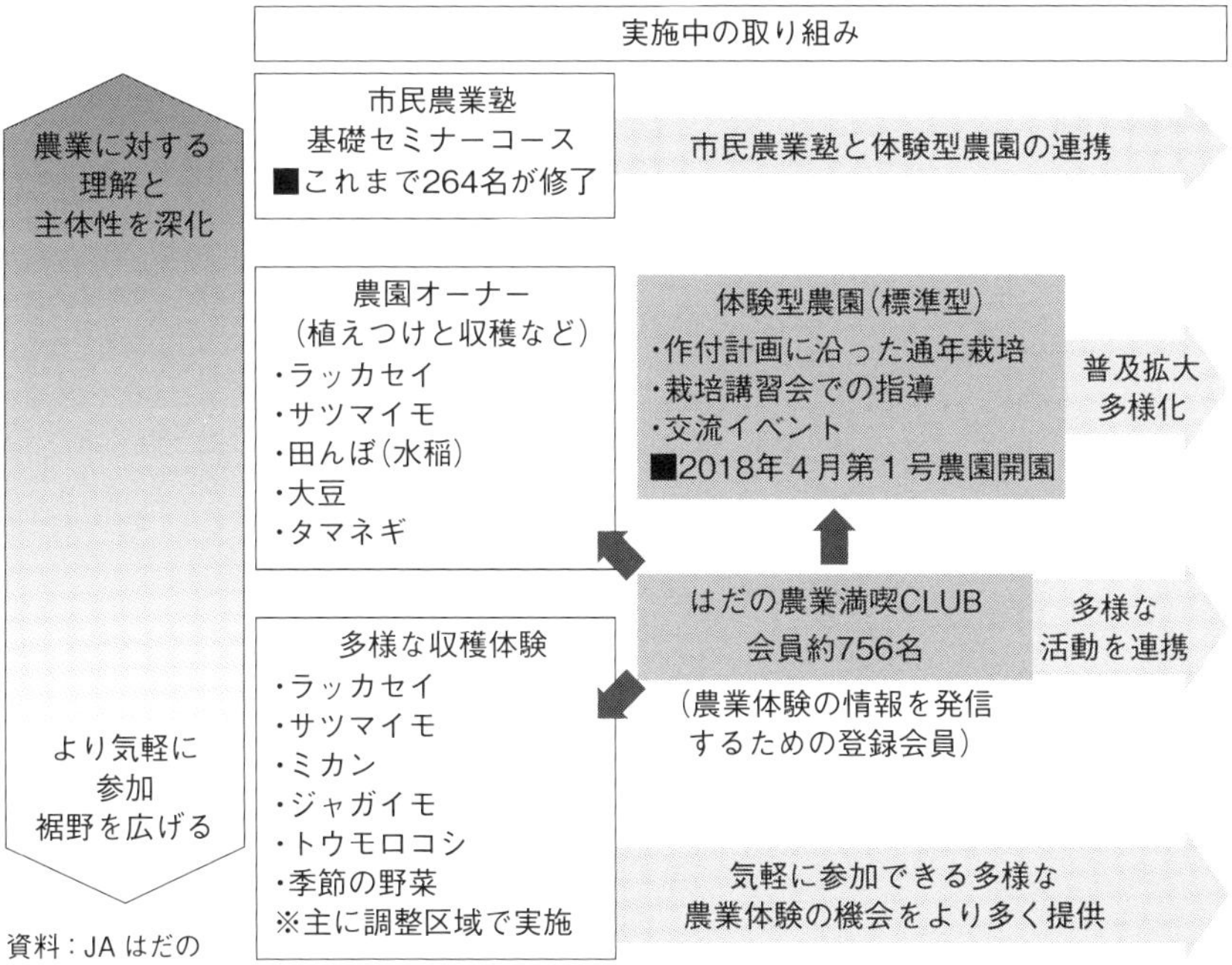

資料：JA はだの

と、若手の就農者の数もそれなりにいるということができる。

特定農地貸付事業の「さわやか農園」

また、自力で栽培に挑戦する人向けに「さわやか農園」が用意されているが、これはJAはだのが特定農地貸付事業として行っているもので、荒廃地化した農地をJAが10a当たり1万5000円（年間）で借り受け、これを市民農園として整備し、JAの准組合員や市民に100㎡当たり6000円（年間）で貸し出しているものである。2000年6月に1か所26区画（100㎡／1区画）で開園したもので、現在では41か所で345区画にまで増加している。

この利用者は233名となるが、うち78名は当JAの組合員として加入し、JAファーマーズマーケット「はだのじばさんず」での出荷も可能となっている。また、はだの都市農業支援センターは市内を7地区に分けて各々「営農活性化支援チーム」を設置して、地域ぐるみでの農業生産と農地保全等の取り組みを支援している。この地区割はJA支所の配置と重なっており、さわやか農園での活動はJAはだのによる地域ぐるみの活動にも連動している。

このような2006年からの着実な取り組みの積み重ねが、地域農業の維持に大きな力を発揮していることを見てとることができる。その先見の明、行動の速さ、活動の着実な積み重ねのベースには、二宮尊徳が説いた相互扶助の精神が脈々と流れていることを実感する。

〈事例⑦〉横浜市による「横浜みどりアップ計画」で都市農業の振興、農地の保全

「都市農業は日本農業の先駆け」というのが持論である。1968年に都市計画法が施行されて以降、都市農地は10年以内に宅地に転換すべき存在とされて農政の対象外とされたが、国からの助成も得られない中、都市農地を活かして消費者と対面・交流しながらニーズに対応した農産物や果樹・花卉を生産し、都市農業はその存在意義を示してきた。

農村部に比較すればさらに小規模でありながらも付加価値の高い農産物の生産に取り組むことによって経営の効率化に取り組み、交流などにより消費者の支持も得ながら、「日本農業の先駆け」として日本型の農業を一定程度実現してきた。しかしながら経営的には、農業だけでの自立は困難であることから駐車場や賃貸住宅などの不動産収入などで資金繰りをつけながら経営を維持し、農地を守ってきたのが実情である。

そうした国政・農政の動向とは一線を画して〝みどり〟の中に森だけでなく公園や農業を包含し、農地・林地を維持していくために、市の財政に加えて市民の負担をも得て、独自の戦略を展開してきたのが横浜市である。改めて述べるまでもなく横浜市は人口377万人（2023年6月1日現在）を抱える日本で最大の市である。

高度経済成長期、1960年代の飛鳥田市長時代に急増する人口流入に市政が追い付かず、実質的に

人口流入の抑制をも兼ねて農地・林地の保全を強調するようになったとの話も聞くが、真偽のほどは定かではない。1973年に都市緑地法が施行され、横浜市ではこれに対応して緑の環境をつくり育てる条例を定めるなど、先進的な取り組みを展開してきた。

「横浜みどりアップ計画」へ

そして2006年に、市内にある河川や水路、樹林地、農地、公園といった水や緑を一体的に捉え、横浜らしい水・緑環境を守り、育てていくことをねらいに、「横浜市水と緑の基本計画」を策定し、横浜市が行う水・緑環境施策の方向性・考え方を示した。

これと連動して設けられたのが「横浜みどりアップ計画」である。2009〜2013年度の第1期、2014〜2018年度の第2期を経て、現在は2019〜2023年度の第3期の最終年度に当たっている。このみどりアップ計画の評価と提案、市民への情報提供などを目的に組織されているのが「横浜みどりアップ計画市民推進会議」（以下「市民推進会議」）である。筆者もこの会議の副座長として第1、第2期と関わってきた。

市民推進会議は、公募市民にJAを含む関係団体と学識経験者が加わって構成されているが、全体会議と四つの施策別専門部会、すなわち「森を育む」施策を検討する部会、「農を感じる」施策を検討する部会、「緑をつくる」施策を検討する部会、そして広報・見える化部会によって構成されている。

部会で協議されたものが全体会議にかけられて決定される仕組みとなっており、みどりアップ計画に対する評価および意見・提案を行うことがその役割とされているが、それがみどりアップ計画だけに限定されることなく、公募市民は様々の形で農業や森林保全や食に関わっている人がほとんどで、現場の実情を踏まえて鋭くかつ幅広い意見が出され、市の担当者も交えて率直な意見交換が行われており、これが市が行う業務の〝肥やし〟になっていることを実感してきた。

また、みどりアップ計画によるみどりの保全・創造、すなわち①樹林地・農地の確実な担保、②身近な緑化の推進、③維持管理の充実によるみどりの質の向上、④ボランティアなど市民参画の促進につながる事業、に継続的に取り組んでいくための財源として「横浜みどり税」が徴集されファンド化されている。個人については個人市民税の均等割りに年間900円が上乗せされており、法人については法人市民税の年間均等割額の9％相当が上乗せされて徴集される。

全区で市民、企業との協働

2019～2021年度の3か年の主な成果について見ておくと、「森を育む」については、**〈樹林地の保全の進展〉**で、緑地保全制度による指定は、みどりアップ計画以前の40年間で861haであったものが、2009～2018年度の10年間で905ha、2019年度からの3年間では108haとなっている。108haには、市による買い取り57・7haが含まれている。**〈市民が森に親しむための取り組みの展開〉**では、保全した樹林地227か所の整備、市内大学・関係団体などと連携したイベントや区主催のイベントを合わせて151回開催している。**〈保全した樹林地の良好な維持管理や安全の確保を市民協働で推進〉**では、森の維持管理と合わせて、維持管理費の助成、森づくりを担う人材の育成のための研修会や体験会を開催している。

「市民が身近に農を感じる場をつくる」では、**〈良好な農景観の保全の推進〉**として、市内の水田面積約9割の保全、農地辺縁部の草刈りや植栽による良好な農景観の維持・形成、遊休農地の復元支援として意欲ある農家などへの貸し付けなどに取り組んだ。**〈農と触れ合う場や機会の増加〉**では、様々なニーズに合わせた農園の開設、農体験教室や市民農業大学の開催。**〈地産地消の拡大〉**では、直売所・青空市などの支援、情報誌の発行、地産地消を広げる人材「はまふぅどコンシェルジュ」の活動支援。

「市民が実感できるみどりや花をつくる」では**〈市民が実感できるみどりと花の空間づくりの推進〉〈緑や花による街の賑わいづくりの推進〉〈全区での市民や起業との協働によるみどりと花の取り組みの展**

開》に取り組んでいる。

このように横浜市は「横浜みどりアップ計画」をテコに〝みどり〟という概念で農業をも取り込み、都市農業の振興と都市農地の保全に注力している。みどりアップ計画への継続的な取り組みのためにみどり税を徴収し、この徴収した税金が適切に使われているかをチェックするためのオンブズマン制度（行政に対する苦情を受け付け、中立的立場から是正措置を講じる）的な位置づけで市民推進会議を設置しながらも、チェックを受けるだけでなく市民の多様な声を引き出し市政に反映させていく仕組みは、市民の自治体行政への直接参画という意味で〝壮大なる実験〟であるともいえる。

市民農業大学講座の開設

また、ＪＡ横浜（横浜農業協同組合）と連携しながら、自治体が都市農業の振興と都市農地の保全活動をリードしていることも驚きであり、中でも「労働力不足の農家に市民の力を」引き出していこうとして市民農業大学講座を積み重ねることにより、自主運営組織としての農の応援団づくりを導いてきたことにも注目しておきたい。

市民農業大学講座は、いろいろと改善を重ねてきているが、２０２３（令和５）年度の募集要領では、1年次は農業技術を中心に実習と座学で、年間講座回数は35回。2年次は受け入れ農家の畑および施設での実習を年10回。「農家での農作業のお手伝い（援農）や公園、緑地などでのボランティア活動をしていただくなど、地域で活躍していただくための人材を育成する講座」であるとしており、趣味としての家庭菜園を超えて、横浜の農業・農地を守っていくための「協働作業」にあたってもらうことが期待されている。市民農業大学講座は１９９７年にスタートしているが、その前身として93年に市民農業技術講座を開始した経過がある。

たくさんの講座修了生が輩出されてきたが、２００２年に農の応援団としての自主運営組織「横浜農と緑の会（通称、「はま農楽《のーら》」）」を発足させている。農家が人手を必要とする作業の把握や援農情報の収集・提供の仕方など課題を抱えながらも活動を継続している。05年からは「農業以外から職業として新規就農を目指す市民の方を応援」していくことをねらいに、「横浜チャレンジファーマー支援事業」を立ち上げており、チャレンジファーマーとして認定されると、農地を借りての就農が可能になる。

研修内容は市民農業大学講座の受講に加えて、横浜市環境活動支援センターの圃場での60日以上の実習が必要とされるが、これらを1年間で受講終了できるように配慮もされている。まさに市民から、地域の中から援農、就農を確保していくために20年以上の取り組みを主導してきた横浜市の経験は貴重であり、示唆するところは多い。

〈事例⑧〉日野市の農あるまちづくり推進

自治体の強力なリーダーシップと市民力、さらにはみどり税の徴収も含めて、きわめて組織的に活動を展開している横浜市に対して、置かれた自然・環境を生かすとともに市民力を重視してこれを引き出すことによって農のあるまちづくりを推進しているのが日野市である。東京都の西部、立川市から多摩川を渡ると日野市に入る。日野市は多摩川とともに浅川も流れ、水が豊富であることから、かつては東京では数少ない穀倉地帯として知られてきた。

農業基本条例とまちづくり条例

その日野市は、1998年に「農地の持つかけがえのない自然環境に対し、市民の理解を得ながら『市民と自然が共生する農あるまちづくり』を展開し、この産業を永続的に育成していく」ことをねらいに、全国に先駆けて「日野市農業基本条例」を制定し、市内すべての小中学校の給食における地元野菜の利用推進や援農市民養成講座である「農の学校」を実施するなど、多様な施策を展開してきた。

一方で2006年に「日野市まちづくり条例」を制定し、その後数次にわたり改正が行われている。現在のまちづくり条例を見ると、条例の前文に「日野には……縦横に用水が走り、田畑が広がり、今もなお農業が営まれている風景」の中で、「人と自然が培ってきた私たちの暮らしをとりまく環境や文化、そして市民の力、市民の知恵、市民と市との輪、それらすべてが日野の豊かさであり、誇りである」とある。

これを踏まえて「私たち自らが日野の豊かさを共有し、まちづくりに対して高い意識をもち、自ら考え、決定し、責任をもって実行するまちづくりの仕組みを定める」としている。日野の自然・環境、そしてそこで育まれてきた文化、さらには市民力、市民と市との協働、これが「日野の豊かさであり、誇り」であるとしており、日野だからこそのまちづくりを目指す姿勢を明確にしてきた。

具体的には、①市民主体のまちづくり、②（市民・事業者・市の）協働による重点的まちづくり、③都市計画によるまちづくり、④協調協議のまちづくり、の四つに区分してまちづくりに取り組んでいる。そして①の市民主体のまちづくりについては、ａ地区のまちづくり、ｂテーマ型のまちづくり、ｃ農あるまちづくり、に区分し、ｃについては農地所有者等の利害関係人が計画を策定するものとなっているが、ｂについては市民などが策定するものとされている。

このテーマ型まちづくりに対応して、２０１８年に発足したのが「農のある暮らしづくり協議会」であり、これがテーマ型まちづくりの第1号となった。協議会を立ち上げる以前から都市農業・都市農地について議論が行われてきており、現状を「市内には様々な農的な活動をしている団体があるが、担い手が減少し、固定化している」「農地は相続や区画整理事業などにより減少し、市民の農的な活動場所を安定的に確保することが困難である」「農的な活動（コミュニティガーデンなど）は、多様化する地域課題の改善に貢献することを実感しているが、個別の取組になっている」と整理している。

これに対応して、課題として「お互いを知り、協働・共創につながる機会をつくり、多様な市民が関心を持つ新たな価値創出が必要である」「法律制定により、市民も活用できる農地へ転換できるのでは？利用率の低い公園や緑地も農的活動の場として活かせるのでは？」「農家、市民、行政、企業、支援機関などの連携・協働をコーディネートできる中間支援の組織・仕組が必要である」があげられていた。

こうした課題をベースにして協議会を立ち上げたもので、農家を含む多様な市民をメンバーに、①多面的な機能を持つ農地をまちづくりの資源として積極的に保全・活用すること、②農的資源を活用したまちづくりを地域住民などが自ら行うこと、を活動目的とした。

農のあるくらしづくりの実現へ

この協議会では市内の農家や多様な市民に加え、近隣地域の農的活動の実践者や有識者・専門家なども入って議論を重ね、約3年をかけて「農のある暮らしづくり計画書」を作成し、2021年に市の認定を獲得している。

計画書について協議する過程で、①日野市では全国に先駆けて生産緑地を貸借した新規就農者が誕生するなど、農家が農地で営農することができるのであれば、農家に任せるのがよい、②活動実績もない市民・団体が、すぐに農地を借りて農的な活動をするのはハードルが高い、③公園・緑地や区画整理事業予定地などなどの低未利用地は、維持・管理に割ける予算やマンパワーが不足している、などの意見が出され検討が加えられてきた。

そうしたうえで、結果を「人」「場所」「仕組み」の三つの視点でまとめている。すなわち、

- **人の視点**：農家や市民・活動団体をつなげ、創発を促し、農の新たな価値をつくる。
- **場所の視点**：誰もが気軽に立ち寄れる範囲（中学校区に1か所程度）に農の活動拠点（コミュニティガーデン）を整備する。
- **仕組みの視点**：活動団体や行政をコーディネートする中間支援組織をつくる。地域コミュニティが農の活動拠点を整備・運営するための人材を育成する。

そして「農あるくらしづくり」のプロセスを、〈第1段階〉公園や緑地、低未利用地において活動実績をつくる、〈第2段階〉地域や農業関係者の共感を得て、活動の幅を広げる、〈第3段階〉多様な主体の参画により農ある暮らしが実現・定着する、に分

け、現状（２０２３年５月時点）では第2段階に入っているとしている。

現在、計画書にもとづく活動が繰り広げられつつあるが、活動団体や行政をコーディネートする中間支援組織として一般社団法人ＴＵＫＵＲＵが立ち上がっている。また農を活かした循環型社会づくりとして、伐倒木の活用（日野産の伐倒木からつくられたスウェーデントーチを使用してのＢＢＱなど）、剪定枝・竹の炭化による有効活用（無煙炭化器の導入など）、農ある暮らしの担い手づくり（市民を対象に「コミュニティガーデンをつくろう！」をテーマに3回連続講座を開催など）、農の活動拠点づくり（新拠点第1号となる「東平山ハチドリ農園」の開設など）など「農のある暮らしづくり計画」の実現に向けた活動が積み重ねられている。

労働者協同組合とのタッグ

こうしたＪＡはだのや横浜市、日野市での取り組みは最先端を行くものであり、これはＪＡや自治体の歴史や、そこで育まれてきた風土や精神性のようなものも大きく影響しており、一朝一夕にこれをモデルにして追随しようとしても言うべくして行うは容易ではない。

ＪＡや自治体でのチャレンジも大いに期待したいところではあるが、まずは市民力を引き出しての地域からの内発的な取り組みを誘導しながらＪＡや自治体とブリッジを架けていくことが現実的かもしれない。この一つの取り組み方法として協同労働を活用しての取り組みが考えられるが、ここでは労働者協同組合と筆者が一体となって展開している取り組みについてあげておきたい。

筆者は川崎平右衛門《へいえもん》顕彰会の事務局長をしている。川崎平右衛門は、享保の改革の一環として行われた武蔵野新田開発を成功に導いた立て役者である。飢饉の発生も手伝って侍がいかにしても農家の生産力向上と定着をすすめることができなかったものを、新田世話役として取り立てられた押立村《おしたてむら》（現在の府中市押立）の百姓であり名主である平右衛門が、農民たちの協同の心と行動を引き出すことによって成し遂げたものである。

侍となった平右衛門は武蔵野新田開発の後、木曽三川の治水工事にあたり、さらに石見で銀山の再興に尽力した。この平右衛門の武蔵野新田開発への取り組みについて小金井市民と3年にわたり勉強会を重ね、これをもとに小金井市にあるNPO法人現代座代表の木村快《かい》さんが脚本を書き合唱構成劇「武蔵野の歌が聞こえる」を2014~16年に公演した。これを見て感動した人も多く、あまりに知られていない平右衛門をもっとたくさんの人に知ってもらいたい、そして協同の取り組みを広げていきたい、ということで有志が集まって17年に顕彰会（発足時は「川崎平右衛門顕彰会・研究会」。22年に顕彰会と研究会を分離・独立）を立ち上げた、平右衛門ゆかりの地を移動して毎年、フェスタを開催してきた。

当初は顕彰会としてフェスタを開催してきたが、第4回の国分寺市でのフェスタから労働者協同組合の皆さんが関わるようになり実行委員会を設けてフェスタを開催してきた。これが筆者と労働者協同組合との実質的な出会いとなった。

フェスタの5回目は小平市で開催したが、この時の閉会の挨拶に立った顕彰会会長である山田俊男参議院議員が、残された任期は都市農業の振興に全力を投入していくことを熱く語られた。フェスタが終わってからの懇親会でこれをどう具体化していくのか侃々諤々の議論となり、結果的に労働者協同組合と顕彰会が中心になって「都市農業研究会」を設け、ここで勉強しながら具体策を検討していくことにし、22年2月にその設立総会を開催して都市農業研究会を発足させた。

「農あるまちづくり講座」の実施

そこでの事業計画の柱としたのが「農あるまちづくり講座」の実施である。これは小平市でのフェスタに先駆けて社会連帯機構の主催により小平市で「まちづくり講座」を開催し、その講座をもとに修了生たちが協働して地域での起業や、地域の居場所となる〝みんなのおうち〟づくりを目指す活動を行ったことが起点となっている。

土台に「農」を据えての講座開催

この「まちづくり講座」の土台に「農」を置いて組み立て直して「農あるまちづくり講座」に仕立てたもので、ねらいは「持続可能で循環型の地域社会づくりとコミュニティ再生をねらいに、協同労働の考え方やノウハウを生かしてまちづくりを考えていきます」「その核として緑地を含めた農地の保全と都市農業振興の取り組みを位置づけ、まちづくりの歴史、食文化、さらには収穫体験も含めて広く学習していきます」「講座終了後は受講者が具体的に農業に参画・実践（グループ化してのコミュニティ（協同）農園）に取り組んでいけるよう措置を講じていくことを検討していきます」というところに置いた。

また、初めての試みであり、また農業を対象にしていることから土地勘のあるところでないと対応が難しい面も多いということで、その第1回を筆者の住む西東京市で開催することにしたものである。

2022年9月から23年の2月まで、毎月第1および第3木曜の9：30から11：30まで、全12回の講座とした。

中身は第1回が「西東京市のまちづくりと農地・みどり」（西東京市都市計画課）、第2回「居場所のあるまちづくり」（東久留米市氷川台自治会）、第3回「協同労働という働き方」（ワーカーズコープ三多摩事業本部）、第4回「西東京市の歴史」（田無《たなし》地方史研究会）、第5回「地域の農事・食文化・暮らし」（ニイクラファーム）、第6回「農業体験（サトイモ収穫）」（みのり村）、第7回「農業実践の基礎知識（1）」（みのり村オーナー）、第8回「農業実践の基礎知識（2）」（（1）に同じ）、第9回「地域における農的活動」（unicoco、西東京菜の花エコプロジェクト）、第10回「西東京市の特産品を使っての料理実習」（料理家）、第11回「都市農業の実情と農業経営」（レイモンド・ファーム、矢ケ崎ぶどう園）、第12回「農あるまちづくり（まとめ）」（ワークショップ）。

前半講義、後半質疑・討論。講師は基本的に地元・地域で活躍している方々で、そうした方々が地元・

農あるまちづくり講座 in 西東京での料理実習

地域におられることを知ってもらうとともに、講義を機会に応援・交流してほしい、そして何よりも地元・地域のリアルな問題について知ってもらうとともに、一緒にどうしていくのか考えてもらいたい、という視点から講師の選定を行った。

　この主催は都市農業研究会、これを労働者協同組合センター事業団三多摩事業本部と川崎平右衛門顕彰会が協力する形をとり、事務局は日本社会連帯機構に置いた。そして西東京市とＪＡ東京みらい（東京みらい農業協同組合）が後援し、会場はＪＡ東京みらい保谷《ほうや》支店の会議室をお借りし、ＪＡとの連携にもつとめた。

　定員は20名とし、受講料は通しで５０００円とした。初めての試みであることもあって、西東京市の後援をいただいてからチラシの印刷に入らざるを得ず、結果的にチラシの配布が８月の10日過ぎとなってしまい、広報・募集の期間が実質２週間強となってしまった。それでも受講者は17名となり、予想どおり「農あるまちづくり講座」に関心を持つ市民が多いことが確認できた。講義の時間帯が平日の午前中ということもあって、一部、現役でお勤めの時間を調整して可能な時だけ参加された方、また若い農業者も2名おられたが、多くはリタイアされた方々で、平均すると60歳過ぎ。男女比は男性が4分の3、女性4分の1という感じであった。

農業への関心が高い市民・消費者

一連の講義と関連しての意見交換の中から浮かび上がってきたのは、市民・消費者の地元農業・都市農業への関心は高く、地元野菜などの購入にとどまらず、体験農園や地元の農的活動に参画している人たちも多く、そうでない人もこれから農的活動を開始したいという方々がほとんどであった。

これに対し、農業者からは厳しい農業経営の実情と、これに対処するため生産の効率化や販路の確保等に対処している工夫・努力、苦労を重ねていることなどが語られた。

市民・消費者と、農業者と都市農業の重要性や地産地消の推進などでは一致しながらも、一方で市民・消費者が農業者を援農などで農業に参画し応援していくには仕組みなどが不十分でまだ距離があること、また都市農業の必要性については理解が得られながらも、過重な相続税などの負担により生産緑地法だけでは守り切れず、特例法が設けられはしたものの根本的な解決をもたらすものではなく、都市農地そのものを半永久的に維持していく制度の導入が必要であることなどが明らかになってきた。

西東京市での取り組みに続いて2023年3月から6月まで、世田谷区で農あるまちづくり講座を開催した。ねらいや講義の組み立てなどは基本的に同じとし、時間帯を現役世代の参加が可能となるよう、19：00から20：30までとし、夜ということもあって農業体験や料理実習などをカットして講義回数は8回のショートバージョンにして実施した。

やはり地元JAの後援をいただいて連携をはかり、世田谷農業の現状を中心とする「せたがや育ち」と農業実践の基礎知識の講義をJA東京中央（東京中央農業協同組合）に受け持っていただき、会場はJA世田谷目黒（世田谷目黒農業協同組合）のファーマーズセンターの会議室をお借りした。

世田谷では8回の講義ということもあって受講料は3000円とし、定員20名で募集したところ、申し込みは29名となった。チラシ以上にSNSでの情報発信の効果が大きく、20名に近づいたと思ったら、あっという間に20名を超えて29名となってあわてて申し込みをストップさせたものである。

「農あるまちづくり講座」に対する関心・反応は予想以上で、相当に高いニーズがあることを確認できたともいえる。

夜の時間帯ということもあって現役世代が大宗を占め、しかも女性が4分の3を占めることとなり、西東京市とは逆転。雰囲気などは西東京市と大きくは変わらないが、女性が多いこともあってか自らの取り組みを含む身近なところでの具体的な発言が多く、講義を聴くだけでなく発言・意見交換したいという思いが強いようで、いつも熱気があふれ、退出時間の制約から時間管理がけっこう大変だったというのが正直なところである。

「農あるまちづくり講座」の新たな展開

「農あるまちづくり講座」は「市民の農業参画を促し、自覚的消費者・生産消費者を増やしていくことによって、都市農業の振興、地産地消・地域自給をすすめていく」ことを基本イメージとしていたが、西東京市、世田谷区での講座実施を踏まえて都市農業研究会の2023年度の事業計画では目的・ねらいを再整理した。

これまでの市民の農業参画から都市農業の振興、地産地消・地域自給をすすめていくという方針をステップアップし、「併行して生産者との交流をはかっていくことによってFEC自給圏づくりにつなげていく」と同時に、「農あるまちづくり講座の開催などをつうじて、JA、生協と連携をはかりながら、協同組合間提携によるFEC自給圏のモデルづくりを目指す」こととした。加えて、「都市農地の半永久的保全を可能にする制度創設に向けた活動・運動につなげていく」ことを付け加えた。

　都市農地の半永久的保全が可能であってこそ、市民の農業参画から都市農業の振興、地産地消・地域自給をすすめていくことも可能になってくるわけで、さらに言えば都市農地の半永久的保全はむしろその前提、必要条件として位置づけられる。そして協同組合間連携については、市民の農業参画は農業者による農業生産あってこそであり、農業者・生産者の情報はＪＡに集中しており、労働者協同組合が情報を集めることは容易ではなく、ＪＡとの連携は必須となる。また、流通・消費という切り口で農業者、生産者との直接交流を持つ生協との連携も欲しいところだ。

　ＪＡには西東京市や世田谷区で会場を提供いただくなり、講義の講師を一部分担していただくなどの協力をいただいたが、農あるまちづくり講座の企画のレベルから一緒にやることが望ましいことは言うまでもない。ご協力いただいたＪＡの方がご挨拶の中で、「本来、こうした講座の開催はＪＡがやることが望ましい」と述べられたことがあった。

　その背景には、ＪＡはＡＴＭや販売所などの施設利用をねらいとする准組合員が増加し、農業者である正組合員の数を上回っているところが多いものの、ＪＡの活動はもっぱら正会員向けであり、過半を占める准組合員に向けた活動は受け身の施設利用に限られ、ＪＡの活動への参画はほとんど行われていないという実情がある。

　准組合員はまさに消費者であり一般市民であり、農あるまちづくり講座を准組合員の活動・交流のテコとし、市民の農業参画から都市農業の振興、地産地消・地域自給をすすめていくことは農業者・正組合員にとってもメリットは大きい。都市農業研究会には、ＪＡのＯＢも参画いただいてはいるが労働者協同組合関係の方々がほとんどを占めている。

　これにＪＡの現役の皆さんも加わって労働者協同組合関係の方々と一緒になって運営していければ最高であり、また現状、各ＪＡでＪＡ自己改革への取り組みがすすめられているが、農あるまちづくり講座開催をＪＡ自己改革の柱の一つとして取り組んでいくようになることを期待している。

労働者協同組合の第一次産業への挑戦

労働者協同組合は、2011年3月11日に発生した東日本大震災を契機にFEC自給圏づくりに取り組んでいくことを宣言し、その具体化をはかるために小農・森林プロジェクトを立ち上げたことは先に触れたとおりである。

実現すべき三つの政策課題

2023年5月10日から12日の2泊3日で、鹿児島県霧島市において「第1回小農・森林ワーカーズ全国展開推進研修会（農業講座）in 九州沖縄」が開催されるというので、実質一日だけではあるが参加してみた。本研修会の目的は「小農・森林ワーカーズの取り組みを事業所・地域で本格的に実践し、全国展開を推進していく中心的な人財を多数養成することである。もってこの運動への労協組合員の圧倒的な参加を促進することである」としている。そして、この目的を達成していくために実現すべき政策課題として次の三つがあげられている。

〈第1〉に、**食料自給体制の確立**である。仲間・組合員の自給。家族、隣人、友人、地域の自給。そして日本の自給。

〈第2〉に、**完全就労社会の実現**である。あらゆる人々の就労機会の創出。生活困窮者、引きこもりの若者、障害者はじめ、仕事に就くことが困難な人たちの仕事を創出し、人々の能力を社会に全面的に生かし切ること。社会的に排除され自信を失った若者たちがよみがえり、元気になる。誰もが主体者として活躍する。そんな感動と喜びあふれる実践が広がる。労働の喜びと大自然の生命力に包まれて人々が復活し、輝きを取り戻す。

〈第3〉に、**地域共同体の再構築**である。小農運動と協同労働の結合は、小農の価値をさらに発展させるとともに、コミュニティ（協同体）の再生を促進する。この協同体は自律性と平等性、そして連帯性を育みながら地域社会を支える力を発展させていく。つまり人々の『助け合いの精神』を醸成し、社会の連帯性を大いに広めていくことになる。

「総じていえば、混迷極まる社会と経済危機の中で、虚構たる経済成長の呪縛から自らを解放し、さらなる環境破壊に歯止めをかけ、新しい社会の創造へと、社会の流れを大転換していく力になる」としている。

食料自給体制の確立は、まずは自らの自給から。その積み重ねが日本の自給として結果すること。自らの自給なくして、日本の自給はありえないということでもある。そして完全就労社会を実現していくことが必要であるが、農業・林業の第一次産業が大きな役割を果たすと同時に、そこには感動と喜びがあり、「大自然の生命力に包まれて人々が復活し、輝きを取り戻す」とあるように、最も本来的な農業は小農によってこそもたらされると訴えている。

さらに小農運動と協同労働を結合させることが小農の価値を発展させ、コミュニティの再生を促進することによって地域共同体の再構築がはかられるとする。自らの自給から日本の自給をはかることが、労働の喜びと働く意義を納得させ、地域共同体の再構築にもつながるという、深く、また壮大な農業観、国家観を見てとることができる。この研修会の目的を記した文書の最後は次の言葉で結ばれている。「小農・森林ワーカーズ全国ネットワークの全面的実践。この運動は、社会の根本をひっくり返す、そして人間の本質を取り戻す運動であり、日本版『緑の大地計画』なのである」

協同労働による農的活動への広がり

ここで第1回の小農・森林ワーカーズ全国展開推進研修会がスタートするまでの経過と取り組みの実態を確認しておきたい。2011年以降、全国各地で協同労働による農的な活動と森林での取り組みが広がり、中でも九州・山口での取り組みが先行し、九州では2020年にはワーカーズコープのすべての事業所で小農活動への取り組みが開始されている。

具体的には、全国も含めてということになるが、子育て支援の事業所（放課後デイサービスや学童、児童館）の子どもたちの食育・農的な活動に始まり、子ども食堂での自給の取り組みも展開され、山口では「みんなでつくってみんなで食べる」に取り組み、全組合員へお米を一人1俵（２０２２年）分配するところまできている。

また、障がい者就労支援における農福連携の本格化、高齢者の農福連携では農を基礎とした働くデイサービスの実践、生活困窮者支援における農福連携の三つをモデル化すべく、全国の４地域で取り組みが開始されている。このように協同労働によるケアでは「ともにはたらき」の中心に小農が位置づいてきたとしている。

ワーカーズコープがすすめている地域の願いや困りごとでの集まりや、社会連帯活動の拠点となる「みんなのおうち」づくりでは、小さな自給やコンポストづくりが広まっているとともに、農業を基本事業とする労働者協同組合づくりの取り組みも始まりつつある。あわせて森林の取り組みでは、全国４か所で多面的機能の事業や依頼伐採などの仕事を基本としながら、製材や加工への展開、さらには林福連携や「森のようちえん」などのケアの領域への挑戦も開始されている。

こうした取り組みの積み重ねを踏まえ、２０２０年11月に「小農・森林ワーカーズ全国ネットワーク」が設立されたもので、これには２０１８年に国連が採択した「小農権利宣言」で家族経営等小規模農家（小農）の価値と権利が明記され、協同組合にその支援を呼びかけたこと、また、２０２０年12月に労働者協同組合法が成立したことから、小農・森林ワーカーズ全国展開推進研修会の実施に至ったものである。

このように、労働者協同組合の農業への目線はまさに「社会化」であり、農業の持つ多様な機能と多様な価値に着目するとともに、「社会的農業」への取り組みを地域からすすめていこうとするものである。現状、労働者協同組合は農地所有適格法人の対象とはされていないなどの問題はあるが、農業の「社会化」、地域共同体の再構築という視点からの取り組みもきわめて重要であり、各地域でのＪＡと労働者協同組合との連携を推進していくことが強く求められている。

首都圏からの流域自給圏づくり

労働者協同組合の農業への取り組みは実質、２０１１年の東日本大震災を契機にＦＥＣ自給圏への取り組みとして開始され、小農・森林ワーカーズを牽引力として各地で小農・森林プロジェクトの実践が積み重ねられてきた。これに２０２２年２月に都市農業研究会を立ち上げることによって、都市農業、市民・消費者をも含めた運動へと広がりつつある。

筆者は労働者協同組合とこの数年、交流を深め、特に都市農業研究会ではその副会長として直接活動にも関係するようになっているが、今、都市農業研究会主催による農あるまちづくり講座と小農・森林プロジェクトを連動させるとともに、ＪＡグループとの連携を強化していくことによって農業の社会化を進展させ、ひいては日本農業の存在意義を高め、日本農業を持続可能なものにしていくことが大きな課題であると考えている。

労働者協同組合によるＦＥＣ自給圏づくり、その具体化として小農・森林プロジェクトは各事業所レベルからの自給への取り組みを展開している。自らの自給、家族・隣人の自給、地域の自給、そして日本の自給を目指す長期的な取り組みである。これに都市農業研究会を立ち上げ、農あるまちづくり講座の開催を重ねることによって、結果的に地域の自給への取り組みが視野に入りつつあるように感じている。

このため、先に触れたように都市農業研究会の２０２３年度計画の中に、生産者との交流によりＦＥＣ自給圏づくりにつなげていく方向性を明示するとともに、小農・森林プロジェクトと連携しての首都圏での流域圏づくりについての議論を開始していくことを方針に加えた。具体的には荒川や多摩川などの東京湾に流れ出る河川の、上流の生産者と下流の消費者をつないで、下流の消費者は〝上流米〟を食べるだけでなく、上流に援農などにより生産にも参画することを目指す。

もちろん、森―里―川―海の循環を維持・回復させていくために森の管理にも関わっていく。消費者は都市で農業に参画して野菜などの自給に努めても多様な野菜などを周年で自給していくことは不可能であり、特に水田を使っての稲作は都市では困難で、主食は上流に足を運び交流・援農することによって確保していくことを目指す。

川崎平右衛門は江戸中期に武蔵野新田開発をして江戸への食料供給を可能にしたが、「21世紀の武蔵野新田開発」として消費者をも巻き込み、秩父や山梨などの上流と首都圏をつないでの流域自給圏づくりに着手しつつある。とりあえず農あるまちづくり講座を継続実施して修了生の増加をはかるとともに、修了生たちを集めてのフォローアップとしての勉強会・情報交換会などを年に数回実施していくことにしている。

この中で、秩父などの上流で耕作放棄化されかねない水田の維持に取り組んでいるグループとの交流をテコにしていくことを考えている。上流での水田維持に労働者協同組合が関わり、小農・森林プロジェクトが上流でも展開されるようになればそれこそベストシナリオといえる。まずは上流での生産事情を把握しながら交流をすすめていきたい。

〈事例⑨〉労働者協同組合の地域農業への連携とサポート

労働者協同組合は2011年以降、協同労働による農的な活動と森林での取り組みを広げており、九州を中心に西日本での取り組みが先行していることは先に述べたとおりではあるが、取り組みは東日本も含めて全国各地に広がりつつある。東京の八王子をはじめとする東京西部と山梨県を所管しているのが労働者協同組合センター事業団三多摩山梨事業本部である。

この三多摩山梨事業本部は、生協パルシステム山梨やJAフルーツ山梨（フルーツ山梨農業協同組合）と、山梨県の東部で全国一の果樹地帯である峡東地域が、それぞれに管轄するエリアとして重なっていることから、各団体が抱えている課題についての情報の共有化をすすめてきた。

「いいさよ～山梨」の取り組み

そうした中で、地域農業継続のための援農者の確保、ＪＡと生協がともに抱える高齢者や子育て世代が持つ困りごとへの対応、そして労働者協同組合が抱える持続可能な地域づくりと新たな仕事おこし、という課題が出されたことから、その解決に向けて有償ボランティアの派遣組織「いいさよ～山梨」が立ち上げられることになり、２０２０年1月から活動を開始している。

そこでの事業は大きくは、①農業軽作業支援サービスと②生活支援サービスとに分かれる。

①の農業軽作業支援サービスは、果樹であればブドウを種なしにするためのジベレリンづけや傘掛け、摘粒など。モモの場合は摘果や袋掛け、収穫など。

②の生活支援サービスは家事・送迎、育児、その他として草取りや電球交換、庭木の剪定、雪かきなどなどを内容とする。まずは利用者に利用会員登録をしてもらい、一方で応援者に登録をしてもらう。そのうえでいいさよ～山梨の事務局が間に入って利用者と応援者をつないでマッチングを行い、利用後に利用料・交通費が精算される仕組みとなっている。

２０２３年1月末で登録している農家を中心とする利用会員は85名、大半が非農家となる応援会員は79名となっている。facebookを見ると多様な作業を受け持って活動しており、地域農業を維持していくために貴重な役割を果たしていることを窺うことができる。また、この労働者協同組合と生協パルシステム山梨、ＪＡフルーツ山梨の三者が連携してのいいさよ～山梨による事業は、協同組合間連携の好事例であり、モデルともなりえるように思われる。

「夢ぶどう協同村」の仕組み

このいいさよ～山梨とは別に２０２２年度に労働者協同組合センター事業団三多摩山梨事業本部が単独で立ち上げたのが「夢ぶどう協同村」である。

けがによりいいさよ～山梨を利用した山梨市のブドウ生産農家が、労働者協同組合の農業維持と地域活性化等の取り組みに共感して、相談を持ちかけてきたのがきっかけである。この生産農家の指導を受

夢ぶどう協同村での苗木（ブドウ）の植栽

けながら「農の継承事業」について検討が行われ、「園主パートナー」と「援農サポーター」という二つの会員を募って農園を維持していく取り組みとし、2023年4月から開始したものである。

現在、園地40aを使って、園主パートナーは約30㎡の園地に利用権を設定してシャインマスカットの栽培管理を行っており、今後、継承をすすめ、規模拡大していくことを見込んでいる。あわせて空き地で家庭菜園を楽しむとともに、テントを張っての宿泊やBBQを楽しむこともできる。年会費は1区画12万円（税抜き）で、前年度末に支払いを行う。植栽から栽培管理、収穫までのノウハウは生産農家などによる講習会をつうじて習得する仕組みとなっているが、あわせて労働者協同組合の栽培担当者がサポートする仕組みとなっており、さらに作業ができない場合には労働者協同組合に有料で依頼することもできるようになっている。

また、援農サポーターについては、4月〈芽かき〉、5月〈誘引〉、6月〈ジベレリン処理・摘粒〉、6〜7月〈袋掛け〉、9月〈収穫〉、11月〜翌年2月〈剪定・施肥〉などの農作業に参加するとともに、会費相当分のブドウや野菜などを受け取ることができ、会費は８０００円（税抜き）で前年度末までに払い込むことになっている。この援農サポーターはいいさよ～山梨の農業軽作業支援サービスとは異なり、作業をして労賃を受け取るのではなく、逆に会費を払って体験農園的に教えてもらいながら作業を行い体験するとともに、生産したものを受け取る仕組みにしている。

この夢ぶどう協同村による継承事業は、①消費者による農業体験・交流、②環境と身体にやさしい農業の展開、③コミュニティの形成、にねらいを置いている。また、既に同じ山梨市内にこの活動拠点として「みんなのおうち」を設置しており、ここで交流や伝統食づくり、さらには宿泊することも可能になっている。

農の継承と協同労働の実践

このように高齢化により担い手不足、果樹地帯であるがゆえのきめ細かな作業、地元の農協や生協との連携など、地域の実情を勘案し、全国の方針を踏まえながらも三多摩山梨事業本部が独自の活動・事業を展開していることに特に注目しておきたい。

ここで三多摩山梨事業本部の夢ぶどう協同村にかかる「農の継承～農業・暮らし・食文化を次世代につなぐ～」事業の事業方針を紹介しておく。

事業目的として、１地域農業や地域づくりの継承、２生産者・消費者の交流と連携があげられている。１の地域農業や地域づくりの継承では、（１）地域農業の存続と農的景観の維持、（２）環境保全型農業の継続・普及、（３）農福連携など多様な人材育成・参加、（４）地域の暮らし・食文化に学ぶ地域住民主体の「地域づくり」が、２の生産者・消費者の交流と連携では、生産者・消費者の交流促進と相互理解の醸成、が書き込まれている。

そして、これら目的を達成するための協同労働の実践として次のように綴られている。

「私たちは働くことと地域をつくることを一体のものとして運動と事業を展開しています。そしてひとり一人の思いを大切に個性を活かしあい、よい仕事をみんなで実現する取り組みをすすめてきました。『農の継承』では、地域農業・農的環境の維持、安全・安心な農産物生産、農福連携など多様な人材が活躍できる仕事づくり、さらには生産者・消費者交流などをすすめますが、この取り組みは私たちだけでは実現することは不可能です。地域住民、生産者、消費者、そして『農の継承』で働く者がそれぞれの知恵と力を出し合う協同労働の実践こそが、この取り組みに不可欠だと確信しています」

まさに、労働者協同組合の面目躍如といった事業方針であり、今後、労働者協同組合が農業をはじめとする第一次産業の分野でも、地域の実情を踏まえた多様な取り組み・事業を全国で展開していくことを期待したい。また、こうした事業を展開していく労働者協同組合と連携を強化していくことが、農協運動、農協の事業発展にとっても大きな役割を果たしていくことになるのは間違いない。

結　章

Agro-Society

循環・自給・皆農による日本型農業の再生

地球の危機、食料の危機

今、地球温暖化、戦争、穀物価格と農業資材の高騰等で、平和と暮らし、食料が脅かされている。20世紀末の社会主義国の崩壊後、世界を席巻してきた新自由主義による資本主義によって、格差拡大、富の偏在、コミュニティの崩壊がもたらされるなど、すべての分野・局面において持続性を大きく喪失させ環境負荷を増大させ生きにくい社会を膨張させている。もはや新自由主義のすべてを商品化し分業化し、利益至上主義を当然とする価値観と社会を変えていくことなくして地球の持続は困難なところまできている。

資本主義に代わる新たな世界像は見えないが、少なくも個人が自立・自給していくことを基本に、これを協働していくことによって可能にし、個人の尊厳を守りながら地域内で極力、人・物・金の循環を形成していくことが、地球を持続させていく要件になると考える。

その土台には食料の確保が不可欠であり、持続可能な農業生産を可能にしていくために、農業・農村を社会的共通資本として位置づけ、資本主義の攻勢から守り、農業生産者の経営を支え、農村の維持をはかる。と同時に、国民一人一人が農業に参画していくことによって、農業・農村と都市の距離を縮め、自然との関係回復をはかり、生命原理を基本とする農的社会を創ることなくしては持続不可能な時代にわれわれは生きていると言わざるをえない。

不十分な検証と見えないビジョン

2022年10月から、食料・農業・農村基本法の見直しに向けて、農政審議会の中に置かれた検証部会で議論が積み重ねられてきた。

新たな展開方向が打ち出されたが……

2023年5月29日の検証部会でその中間取りま

とめが決定され、6月2日には政府の食料安定供給・農林水産業基盤強化本部会合で追認された。これで実質的に食料・農業・農村政策の新たな展開方向は決定し、2024年の通常国会に向けて基本法改正の検討作業が本格化するとともに、適正な価格形成のための仕組み、スマート農業振興、不測時の政府体制についての法制化がすすめられることになる。

中間取りまとめの主なポイントをあげておけば、基本法であげられていた理念については現行の①食料の安定供給の確保、②農業の有する多面的機能の発揮、③農業の持続的な発展、④その基盤としての農村の振興、の四つは、①国民一人一人の食料安全保障の確立、②環境等に配慮した持続可能な農業・食品産業への転換、③食料の安定供給を担う生産性の高い農業経営の育成・確保、④農村への移住・関係人口の増加、地域コミュニティの維持、農業インフラの機能確保、へと再整理された。

また、理念にもとづいての基本的施策として〈食料〉では、全国民の円滑な食品アクセス、適正な価格形成に向けた仕組みの構築、〈農業〉では、個人経営の発展、農業方針の経営基盤強化、小麦や大豆、加工・業務用野菜の生産増大、〈農村〉では、共同活動への非農業者の参画推進、農村でのビジネス創出、〈その他〉としては、持続可能な農業の主流化、食料自給率目標以外の数値目標、不測時の対応についての法的根拠を検討など、となっている。

このように今回の基本法の見直しの契機となった食料安全保障のあり方については、不測の事態への対応についての法制化に加えて、平常時の対応が盛り込まれた。

農業で生計を立てる「効率的・安定的な経営」を育成・確保することを農業政策の柱に据える一方で、それ以外の副業的な経営など「多様な農業人材」も一定の役割を果たすことを明記し、農業政策と農村政策の両立をはかろうとしていることなど、それなりの方向性が打ち出されてはいる。また、直面する穀物や生産資材の高騰にともなう食料の確保と農業経営の悪化への対処策も明示された。

しかしながら、これで青息吐息にある日本農業再生の方向性が示されたのかといえば、残念ながらそうした中身には程遠いと言わざるをえない。その最大の理由は、名前は検証部会ではあっても本来的な意味での農政の検証は行われず、もっぱら直面する問題への対応についての議論に終始したことがその主因と考えられる。

両論併記の従来方式からの脱却を

現行基本法では不測時の食料安全保障の確立が明記され、これに向けて食料自給率向上の努力を積み重ねていくことになっており、この食料自給率向上の取り組みこそが平常時でのフードセキュリティにつながるものであると理解している。

むしろ、不測時の食料安全保障の確立が明記されながらも何ゆえに不測時の対応についての法的根拠づくりについて検討されてこなかったのか、また、基本計画に食料自給率目標を設定しながらも全く食料自給率は停滞を続け、だれも責任をとらずに放置されてきたのか。

基本理念に多面的機能を据えたことも含め、現行の基本法はガット・ウルグアイ・ラウンド合意にともなう農産物の貿易自由化の進行を見据え、EUの対応も参考にしながらそれなりの理念と見識をもってまとめられたものであると受け止めている。この現行基本法が何ゆえ、不十分な展開を余儀なくされ今日を招くに至っているのか、しっかりとした検証を抜きにしては、法律をつくって終わりになり、国会議員や役人の勲章づくりのための基本法見直しになりかねない。

中間取りまとめでは、「今後20年を見据えた予期される課題」として、①平時における食料安全保障、②国内市場の一層の縮小、③持続性に関する国際ルールの強化、④農業従事者の急速な減少、⑤農村人口の減少による集落機能の一層の低下、をあげており、その認識に異論はない。

しかしながら、現状のような直面する問題・課題に絆創膏を貼ることを繰り返すような農政であっては日本農業の将来展望はひらかれない。効率的・安定的な農業経営、農業法人の経営基盤の強化に、多様な農業人材の位置づけ、多様な人材の活用による農村の機能の確保を付け加えて両論併記とするような従来のやり方、バランス論から脱却していくことが必要ではないか。

あるべき社会像と農業の姿の明示へ

内容的には種々問題はあるが、みどりの食料システム戦略ではバックキャスティング方式（未来像から現在にさかのぼって考える思考法）による農政が初めて打ち出された。同様に基本法も将来の日本の農業・農村のあるべき姿を設定し、これに向けた政策を早急に形成していくことが欠かせないのではないか。現場からは、再生可能な線を既に割り込んでしまい、もはや手遅れだとのあきらめの声も聞こえてくる。

しかしながら、未来世代のためにもあきらめることは許されない。食料安全保障の確保がますます懸念される中、日本農業の将来ビジョンを明確にし、これに向けての政策見直しを行うとともに、これまでの理念法としての基本法の位置づけを変更し、予算とリンクさせての政策展開を可能とする体系に変えていくことが欠かせない。

国民皆が農に参画・関係していく国民皆農をもとに、プロ農業とアマチュア農業が連携しながら地域農業を守り、これを可能にしていくにあたっては、課題が山積している。直接支払いの本格的拡充、消費者の「役割」から「責任」への問い直し、水田農業の明確な位置づけ、日本型食生活の再評価を含めた食生活のあり方、さらに今回の中間取りまとめの基本理念から脱落した多面的機能を重視しての持続可能な農業への転換、さらには食料自給率向上のための行程表づくりなど、検討すべき課題は多い。危機は深まるばかりであり、今回の基本法見直しに間を置かずしての、基本法の抜本的見直しが必須の情勢にある。

本書では各章で分散して、今後の日本農業の目指すべき方向性や施策などについて記述しているが、これらを総括してバックキャスティング的に、目指すべき国と社会のあり方に対応した農業の姿を明示したうえで、このために必要と考えられる施策などをあげる形で基本法の抜本的見直しについて提言するものである。

《提言》国民皆農、生産消費者による持続可能な日本型農業の再生へ

〈主旨〉

基本法案見直しの歴史的意義
～生命原理を最優先する社会への転換～

1961年に成立した農業基本法は、食料増産がすすみ、高度経済成長社会にともなう食の高度化に対応した生産・流通の構築、農工間所得格差の是正等、基本法を成立させる明確な必要性があった。1999年の食料・農業・農村基本法は、農産物貿易の自由化に対応して食料や農村も含めて農業・農政のあり方を見直す必然性と歴史的意義を有していた。

今、食料・農業・農村基本法が施行されて二十数年を経過し、担い手や農地が激減し、団塊世代の大量リタイアを間近に控える中、これまでの農政の延長線上での手直しでは日本農業を維持していくことが困難な情勢にあることは明らかである。これまでの農業は農家が行うもの、都市は農村での生産物を消費するところであるとする固定観念を打破し、都市住民がいろいろな形で農業に参画していく国民皆農を推進し、都市と農村を融合させ、「都市の農村化」をはかっていくことが必要である。

農業を国民全体のものにしていく、農業の持つ多面的機能、多様な機能を活かして「農業の社会化」をすすめていくことによって自然に触れ、多少なりとも自給をし、地域コミュニティを再生していくことによってマネー中心、GDP重視から脱却して、平和と生命原理を最優先する社会への転換が切に求められているのであり、これに対応した農業・農村の再構築をはかっていくところにこそ現時点で基本法見直しをはかる歴史的意義はある。したがって、早急に改めて食料・農業・農村基本法の抜本的見直しを目指して農政審議会での議論を開始すべきである。

このために必要と考えられる主な施策の方向性を次のとおり提言する。

〈国の姿〉

目指すは里山型連合国家

国は「デジタル田園都市国家構想」を打ち出している。デジタル化が必要であることは否定しないが、時代が本質的に求めているのはデジタル化によるさらなる便宜性の向上以上に、リアルでのコミュニティの再生であり、人が行き交う地域社会の復活である。

また、「田園都市構想」は緑豊かな環境に恵まれた都市をイメージさせるが、外部環境としての緑の整備は重要であるが、それを踏まえてさらに自然と調和した暮らしぶり、客体としての自然ではなく、自然と共生しての暮らしを取り戻していくことが求められている。

まさに日本の気候風土、地理的条件に対応した里山的な地域社会、これが各地に分散しネットワーク化された、地域社会の集合体としての日本国家の形成である。そのモデルとなるのが、江戸時代の藩政であり農村自治である。明治政府によって、江戸時代は徹底した年貢搾取と村八分に象徴される封建的抑圧社会という誤ったイメージが流布されてきたが、近年の研究で江戸時代は相互扶助をベースにした村落共同体が支える地域性豊かな安定した平和社会であったことが明らかにされつつある。

さらに歴史を遡れば、古代の大和政権は連合国家として成立したが、そのベースには縄文時代以来の共同体をベースにした平和を重んじ自然と共生してきた長い歴史があったとされる。失いつつあるとはいえ、日本人の潜在意識の中には約1万年に及ぶ世界に誇るべき縄文時代という共生社会を過ごしてきた自然観・暮らしの知恵等々が多少なりともいまだに残存してもいる。

こうしたアメリカでもヨーロッパでもなく、日本ならではの気候風土に対応した暮らし、そしてこれに適応してきた日本らしい、小規模・分散型で地域特性に富んだ循環型の農業、さらにそこで形成されてきた日本の味と技、食生活も含めて、連綿として祖先が築いてきた〝蓄積〟に対する誇りを取り戻し、これらを活かしていくことが基本となる。

〈社会の姿〉

自立・自給が基本

分業経済が進行し、必要物はマネーによって購入することが当たり前となっているが、食料も含めてできるだけ自給していく、すなわち生産消費者として行動していく。これが経済的にも社会的にも自立していくための条件となる。

自立しての協働

人間は共同体を形成することによって生き延びることを可能にしてきた。共同体なくして生き延びることは困難であるが、共同体が円滑に機能していくためには、一人一人ができるだけの自給をしていくことが前提となる。また、協同の理念は大切であるが、共同体を活かすのは何よりも現場での協働である。2022年10月に施行された、出資・労働・経営を一体化させた小さな協同組合の役割発揮を期待する労働者協同組合法の持つ意義は大きく、かつ既存の協同組合との現場での連携が協同活動を活性化させ、大きな力を発揮することになろう。

都市から農村への人口移動

共同体から離れて都市に集住するようになり、生産者と消費者とに分断され、マネーが経済を牛耳るようになってしまった。都市で自然から乖離してしまった人間が人間らしく、自然と共生することによってエネルギーを取り戻していくためには、都市農業への消費者・市民の参画を促していくとともに、都市と農村との交流を活発化させ、古民家などを利用するなどによる日本版ダーチャや二地域居住によって国民皆農をすすめていく。

子どもを自然の中で教育

子どもは「遊びをせんとや生まれけん」なる存在であり、自然の中で発見・経験を重ねていくことによってこそ感性は磨かれ、人間らしく生きていく力を獲得することになる。田園回帰や山村留学などにより、一定の時期までは農山村を主にして生活し、自然とともに地域社会の中で成長していくことが望ましい。デンマークの保育園では毎日、お昼寝は森の中でする。ノルウェーやスウェーデンでは、発達の程度に応じて子どもは教育されなければならない、として、幼稚園では文字はいっさい見せない、教えない。さらに小学校では高学年になるまでパソコンには触らせないという。根強い学歴偏重からの脱却とともに、体験教育重視への転換が求められる。

〈農業の姿〉

農業・農村を社会的共通資本とし、直接支払いを拡充

農業・農村を社会的共通資本として明確に位置づけることが欠かせない。人間の命を守る食料の生産を安定的に持続させていくためには、農業・農村を資本主義による自由化・市場化の攻勢から一定程度以上を守っていくことが必要だ。この位置づけを踏まえて安定的に農業経営が維持できるよう多面的機能や自然循環機能、生態系保全などの機能発揮とクロス・コンプライアンス（ある施策による支払いについて、別の施策によって設けられた要件の達成を求める手法）させての直接支払いの拡充によって一定以上の所得確保を可能にしていく。

持続可能であってこその農業

農業の持続性は自然循環機能が発揮されてこそ、である。そのための基本は土づくりに尽きる。そこではおのずと化学肥料や化学農薬の使用を抑制することにつながり、安全・安心も守られることになる。有機農業をはじめとして多様な農法が存在するが、自然循環を発揮する土づくりが土台となる。またこのためにも森―里―川―海の大循環を守っていくことが必要であり、森林の適正な管理も不可欠である。

風土・地域性そして技術を活かした農業

山が多く起伏は激しくて平地は少なく、小面積の農業を必然とするわが国農業は、経済性で勝負することは難しい代わりに、豊富な地域性と職人気質の技術へのこだわりを活かした農業であってこそ強みを発揮することができる。

食料安全保障のメインは水田農業

水田農業は気候風土に合わせて発達してきた知恵・技術の集合体で、アジアモンスーン地帯にある日本で祖先が３０００年かけて、農業だけでなく水利・治水・土木などの技術と労力を注ぎ込んでつくりあげてきた贈り物だ。

食料はもちろんのこと、田んぼダムによって洪水被害などを緩和するなど食料安全保障のみならず国土安全保障にとっても欠かすことのできない日本の宝である。水田でつくられたお米が食文化、祭りをはじめとする日本の文化をも育んできた。一定面積の水田は維持していく、そのための担い手確保・育成が農政の最優先課題である。

日本型食生活の再評価

和食は世界文化遺産として登録されているが、水田からのお米を主食に、畑からの多様な農産物、海や山からの豊かな恵みがあって誇るべき食文化が形成されてきた。この和食を日常の食生活に置き換えた日本型食生活は身土不二《しんどふじ》（身近なところで育った旬のものを食べて暮らすのがよいとする考え方）で健康にもよく、食料安全保障をも可能にする。食の多様性は尊重されなければならないが、あくまで日本型食生活を基本にしたうえでの食の多様性であってしかるべきである。

放牧型畜産の拡大

わが国の畜産は購入飼料による舎飼いで技術集約的な畜産として発展してきた。しかしながら、舎飼いによる飼養は動物福祉に反するとして批判も根強い。一方、耕作放棄地の増大や未利用の林地や河川敷も多く、放牧可能な土地は多い。

家畜による草の舌刈り能力を生かすことによって飼料の自給度向上、景観の整備、鳥獣被害の抑制、さらにはコスト低下をもたらし、動物福祉の向上にもつながる。放牧による畜産のウェイトを向上させるメリットは大きい。

種子の保存継承と自家採種の権利を

食料安全保障は一定以上の食料自給率を確保していくと同時に、その地域の気候風土に合った、多様な在来種子を保存・継承していくことも欠かせないが、種子の知的財産権を楯にしての寡占化が進行している。

そもそも種子は祖先が優良な種子を選抜・交配してつくられてきたものであり、人類の共有財産であり、特定の企業が支配すべきものではない。広く農家による自家採種は認められなければならない。食料自給率向上は、種子の自給率向上と一体だ。

〈担い手の姿〉

多様な担い手による多様な農業

少数の大規模農家とたくさんの小農・家族農業のプロ農家が農業生産の中心となり、これを援農や楽しみで農業に参画する、それこそ生産消費者でもあるたくさんの住民・消費者によるアマチュア農業が支える。大規模農家、小農・家族農業、住民・消費者の農業参画の三ついずれも欠かすことはできない重要な要素である。その三者の中で交流し移動しながら担い手を確保していく。三者の交流がすすむほどに村は活性化し、農村価値は増大していく。

〈関連して〉

生産消費者そして自覚的消費者に

所得の格差拡大、所得の低迷から消費者の経済は困難化しつつある。だから輸入品でも何でも安いものが欲しい、安いものを購入するというのではなく、生産消費者となって少しでも自給していく。

また、ご近所とおすそ分けすることによって、お金を使わない世界を広げていく。消費者も経済的に大変であるが、生産者も苦境に立たされている。援農などにより交流していくことによって、お互いの事情を理解しながら応援していく自覚的消費者となってほしい。

都市農地の半永久的保全を

生産消費者を増大させていくためには都市農地を公共財として半永久的に保全していくことが要件となる。都市農地は政策意図に反して残存したものであるが、市街地の中に農地が存在する唯一の国が日本である。

都市農地は私有財産ではあるが、ある程度の時間もかけながら制度を案出し、国民の共有財産として公共用地化していくことが望ましい。キューバは1990年前後に食料をはじめとしてほとんどの生活物資が途絶する中で、都市住民が空き地や公園、生け垣などを皆、菜園にして自ら生産し自給することによって危機を乗り越えた経験を持つ。都市農地はかけがえのない財産であり、都市農地が有する価値はきわめて大きい。

〈第5章〉
金子兜太（2014）『語る　兜太』岩波書店
金子兜太（2018）『金子兜太　私が俳句だ』平凡社
鬼頭宏（2000）『人口から読む日本の歴史』講談社
鬼頭宏（2002）『文明としての江戸システム』講談社
鬼頭宏（2012）『環境先進国・江戸』吉川弘文館
木村茂光編（2010）『日本農業史』吉川弘文館
草間洋一（2020）『近世日本は超大国だった』ハート出版
小林達雄（2008）『縄文の思考』筑摩書房
斎藤幸平（2019）『大洪水の前に』堀之内出版
斎藤幸平（2020）『人新世の「資本論」』集英社
斎藤幸平（2023）『ゼロからの「資本論」』NHK 出版
瀬川拓郎（2017）『縄文の思想』講談社
蔦谷栄一聴き取り・整理（2020）『林金次語録　基本を尊ぶ』自費出版（Kindle）
戸矢学（2016）『縄文の神』河出書房新社
農山漁村文化協会編（2002）『江戸時代にみる日本型環境保全の源流』
　農山漁村文化協会
水野章二（2015）『里山の成立　中世の環境と資源』吉川弘文館
山本竜隆（2014）『自然欠乏症候群』ワニブックス

〈第6章〉
アルビン・トフラー（1980）『第三の波』日本放送出版協会
アルビン・トフラー、田中直毅（2007）『「生産消費者」の時代』日本放送出版協会
内橋克人（1995）『共生の大地』岩波書店
内橋克人（2011）『共生経済が始まる』朝日新聞出版
小貫雅男・伊藤恵子（2004）『森と海を結ぶ菜園家族』人文書院
高安和夫（2012）『銀座ミツバチ奮闘記』清水弘文堂書房
田中淳夫（2015）『銀座ミツバチ物語Part2』時事通信社
谷口吉光編著（2023）『有機農業はこうして広がった』コモンズ
中野美季（2022）「移行する世界、変わる農業」『耕　2022No. 151』
　山崎農業研究所

〈第7章〉
田中英道（2021）『新　日本古代史』育鵬社

〈第8章〉
蔦谷栄一（2009）『都市農業を守る』家の光協会

◆主な参考・引用文献

〈第1章〉
富山和子（1974）『水と緑と土』中央公論社
富山和子（1993）『日本の米』中央公論社
平澤明彦（2023）「スイスの食料安全保障関連政策」
　『日本農業年報68　食料安保とみどり戦略を組み込んだ基本法改正へ』筑波書房
阮蔚（2022）『世界食料危機』日経 BP・日本経済新聞出版

〈第2章〉
蔦谷栄一（1998）『飼料米生産と日本農業再編』（総研レポート）農林中金総合研究所
蔦谷栄一（2004）『日本農業のグランドデザイン』農山漁村文化協会
富山和子（1974）『水と緑と土』中央公論社
富山和子（1993）『日本の米』中央公論社
編集代表・谷口信和（2023）『日本農業年報68・食料安保とみどり戦略を組み込んだ
　基本法改正へ―正念場を迎えた日本農政への提言―』筑波書房

〈第3章〉
明峯哲夫（2015）『有機農業・自然農法の技術』コモンズ
明峯哲夫（2016）「有機農業の科学と思想」『生命を紡ぐ農の技術』コモンズ
井上孝（2010）『子ども武蔵野市史』武蔵野市教育委員会教育部図書館
河原林孝由基・村田武（2023）『窒素過剰問題とドイツの有機農業』筑波書房
ゲイブ・ブラウン（2022）『土を育てる』NHK 出版
小松崎将一（2023）「炭素貯留と生物多様性そして環境再生へ」
　『季刊　iichiko　特集　農の文化学へ』
参歩企画（1995）『江戸時代　人づくり風土記⑪埼玉』農山漁村文化協会
関根佳恵（2023）「小規模・家族農業とアグロエコロジーの重要性―世界の潮流から
　読み解く―」『季刊　iichiko　特集　農の文化学へ』
D. モントゴメリー『土・牛・微生物』（2018）築地書館
中島紀一（2010）「有機農業の基本理念と技術論の骨格」
　『有機農業の技術と考え方』コモンズ
渡辺尚志（2008）『百姓の力』柏書房
渡辺紀彦（1988）『代官川崎平右衛門の事蹟』井上彬

〈第4章〉
D・モントゴメリー、A・ビクレー（2016）『土と内臓』築地書館
吉田俊道（2017）『生ごみ先生が教える「元気野菜づくり」超入門』東洋経済新報社
吉田俊道（2021）「雑草で土を変える!」『やさい畑　2021年秋号』家の光協会
吉田俊道（2022）「菌で土づくり革命」『やさい畑　2022年12月冬号』家の光協会

あとがき

前著『未来を耕す農的社会』（2018年）以来、5年余りが経過してしまった。特に避けていたわけではないが、2021年、2022年と『日本農業年報』への論文執筆、2022年は『季刊 iichiko』での「特集　農の文化学へ」の企画編集、および論文執筆の大物が加わり、新著の刊行を考えるいとまもなかったというのが正直なところである。『季刊 iichiko』が発行されて一息ついたところで、創森社の相場博也さんから「もうそろそろいかがか」とのお声掛けをいただいたというのが実のところである。

書き始めたところ、書く自分の立場が前著までとは少し違ってきていることに気づかされた。これまでの自らの農園管理や子ども田舎体験教室の開催、また現場で頑張っている生産者などを紹介することで応援していくことに変わりはないが、この数年は現場づくりに関係しての活動がずいぶんと増えてきたことを実感する。意図したわけではなく、あくまで結果的にそうなったものであり、環境・情勢変化と人との出会いがしからしめたものである。

＊

若干具体的に述べておけば、川崎平右衛門顕彰会の活動と農的社会デザイン研究所での仕事は別々に展開してきたが、顕彰会主催のフェスタを開催するにあたっての実行委員会にワーカーズコープが加わるようになり、交流が深まる中で新たな協同組合運動に触れることになった。そうしているうちに2021年11月の川崎平右衛門フェスタでの山田俊男参議院議員の挨拶をきっかけにしてワーカーズコープと顕彰会が中心になって都市農業研究会を立ち上げることになり、さらにはワーカーズコープの小農・森林プロジェクトにも関わりを持ちつつある。

また、都市農業と並んで農的社会デザイン研究所の仕事のもう一つの柱である持続可能な農業の推進については、21年5月の農水省によるみどり戦略の決定にともない、持続可能な農業を創る会とプラットフォームとしての日本オーガニック会議の活動に加えて、JAグループの取り組みをどうしていくのか、JA全中（全国農業協同組合中央会）の営農・担い手対策部などと対応を議論する機会がずいぶんと増えてきた。したがって本書でこれらの活動にも触れることになり、特に労働者協同組合の農業への取り組み動向などについてはけっこうスペースを割くことになったものである。

さらに、ボランティアとして応援を続けてきた子育て村フリーキッズ・ヴィレッジの活動はこれからの子育て・子ども教育、さらには村づくりに貴重な指針を与えるものであり、その運営の実情・実態をぜひとも知って応援をいただきたく、この機会を捉えて紹介してみたものである。

＊

このように本書はたくさんの方々との交流の中から生み出されたものであり、お世話になったお一人お一人のお名前をあげることはかなわないが、次頁に記した写真協力者、編集関係の方々とあわせて心から感謝申し上げたい。また、家族に支えられての活動であり、特に娘・信子にはパソコンや図表作成などで世話になった。

目下、流域自給圏づくりをモデル化するところまでは持って行きたいと考えているが、5～10年は必要で、そのためには健康に留意して仕事ができる体を維持していかなければと考えている。まだまだ、ストレス解消のためのお酒と尺八を吹いての気分転換は不可欠のようだ。

著　者

■農的社会デザイン研究所

http://www.nouteki-design.com

収穫直後の泥つきニンジン（富山県氷見市）

●

デザイン――ビレッジ・ハウス
写真・編集協力――小口広太　三宅 岳　佐藤美千代
舘野廣幸　廣 和仁　高安和夫
フリーキッズ・ヴィレッジ
JA佐久浅間　竹子農塾
みんなの家・農土香　村田 央
やぼ耕作団　なないろ畑
蔦谷雄介　唐崎卓也　ほか
校正――吉田 仁

●**蔦谷栄一**（つたや えいいち）

農的社会デザイン研究所代表

宮城県出身。東北大学経済学部卒業後、71年、農林中央金庫勤務。農業部部長代理、総務部総務課長、熊本支店長、農業部副部長、96年、（株）農林中金総合研究所基礎研究部長、常務取締役、特別理事を経て、2013年から現職。

週末は山梨市牧丘町で自然農法を実践。和笛（尺八・横笛）、リコーダーアンサンブル、ギター弾き語りなどの演奏を楽しむ。みんなの家・農土香の会会長、川崎平右衛門顕彰会事務局長、都市農業研究会副会長などを務める。

農林水産省農林水産技術会議研究分野別評価分科会委員（環境）、食料・農業・農村政策審議会企画部会有機農業の推進に関する小委員会委員（座長）などを歴任。元早稲田大学・明治大学等非常勤講師。銀座農業コミュニティ塾代表世話人。

主な著書に『都市農業を守る』『エコ農業 食と農の再生戦略』『オーガニックなイタリア 農村見聞録』『協同組合の時代と農協の役割』（ともに家の光協会）、『日本農業のグランドデザイン』（農文協）、『食と農と環境をつなぐ』（全国農業会議所）、『持続型農業からの日本農業再編』（日本農業新聞）、『共生と提携のコミュニティ農業へ』『地域からの農業再興』『農的社会をひらく』『未来を耕す農的社会』（ともに創森社）などがある。

生産消費者《せいさんしょうひしゃ》が農《のう》をひらく

2024年1月18日　第1刷発行

著　　者——蔦谷《つたや》栄一《えいいち》

発 行 者——相場博也

発 行 所——株式会社 創森社

〒162-0805 東京都新宿区矢来町96-4

TEL 03-5228-2270　FAX 03-5228-2410

https://www.soshinsha-pub.com

振替00160-7-770406

組　　版——有限会社 天龍社

印刷製本——中央精版印刷株式会社

 ISBN978-4-88340-366-0 C0061

"食・農・環境・社会一般"の本

創森社 〒162-0805 東京都新宿区矢来町96-4
TEL 03-5228-2270 FAX 03-5228-2410
https://www.soshinsha-pub.com
＊表示の本体価格に消費税が加わります

- 新井利昌 著　農福一体のソーシャルファーム　A5判160頁1800円
- 西川綾子 著　西川綾子の花ぐらし　四六判236頁1400円
- 玉田孝人 著　ブルーベリー栽培事典　A5判384頁2800円
- 新谷勝広 著　育てて楽しむ スモモ 栽培・利用加工　A5判100頁1400円
- 村上 覚 ほか 著　育てて楽しむ キウイフルーツ　A5判132頁1500円
- 植原宣紘 編著　ブドウ品種総図鑑　A5判216頁2800円
- 大坪孝之 監修　育てて楽しむ レモン 栽培・利用加工　A5判106頁1400円
- 蔦谷栄一 著　未来を耕す農的社会　A5判280頁1800円
- 富田 晃 著　育てて楽しむ サクランボ 栽培・利用加工　A5判100頁1400円
- 恩方一村逸品研究所 編　炭やき教本～簡単窯から本格窯まで～　A5判176頁2000円
- 炭文化研究所 編　エコロジー炭暮らし術　A5判144頁1600円
- 飯田知彦 著　図解 巣箱のつくり方かけ方　A5判112頁1400円
- 大和富美子 著　とっておき手づくり果実酒　A5判132頁1300円
- 波夛野 豪・唐崎卓也 編著　分かち合う農業CSA　A5判280頁2200円
- 柏田雄三 著　虫への祈り―虫塚・社寺巡礼　四六判308頁2000円
- 小農学会 編著　新しい小農～その歩み・営み・強み～　A5判188頁2000円
- 池宮理久 著　とっておき手づくりジャム　A5判116頁1300円
- 境野米子 著　無塩の養生食　A5判120頁1300円
- 川瀬信三 著　図解 よくわかるナシ栽培　A5判184頁2000円
- 玉田孝人 著　鉢で育てるブルーベリー　A5判114頁1300円
- 仲田道弘 著　日本ワインの夜明け～葡萄酒造りを拓く～　A5判232頁2200円
- 沖津一陽 著　自然農を生きる　A5判248頁2000円
- 山田昌彦 編　シャインマスカットの栽培技術　A5判226頁2500円
- 岸 康彦 著　農の同時代史　四六判256頁2000円
- シカバック 著　ブドウ樹の生理と剪定方法　B5判112頁2600円
- 鈴木宣弘 著　食料・農業の深層と針路　A5判184頁1800円
- 幕内秀夫・姫野祐子 著　医・食・農は微生物が支える　A5判164頁1600円
- 山下惣一 著　農の明日へ　四六判266頁1600円
- 大森直樹 編　ブドウの鉢植え栽培　A5判100頁1400円
- 岸 康彦 著　食と農のつれづれ草　四六判284頁1800円
- 塩見直紀 ほか 編　半農半X～これまで・これから～　A5判288頁2200円
- 日本ブドウ・ワイン学会 監修　醸造用ブドウ栽培の手引き　A5判206頁2400円
- 金田初代 著　摘んで野草料理　A5判132頁1300円
- 富田 晃 著　図解 よくわかるモモ栽培　A5判160頁2000円
- のと里山農業塾 監修　自然栽培の手引き　A5判262頁2200円
- アルノ・イメレ 著　亜硫酸を使わないすばらしいワイン造り　B5判234頁3800円
- 鈴木厚志 著　ユニバーサル農業～京丸園の農業／福祉／経営～　A5判160頁2000円
- 岩澤信夫 著　不耕起でよみがえる　A5判276頁2500円
- 福田 俊 著　ブルーベリー栽培の手引き　A5判148頁2000円
- 小口広太 著　有機農業～これまで・これから～　A5判210頁2000円
- 篠原 孝 著　農的循環社会への道　四六判328頁2200円
- 篠原 孝 著　持続する日本型農業　四六判292頁2000円